日本のカメムシ

カメムシは世界で約4万種、日本にはおよそ1500種が生息していると考えられています。ここでは日本に生息するカメムシをいくつか紹介します。なお、学名はときに変更されることがあります。また、分布については日々新しい産地が見つかっています。ここに記されている分布はだいたいの目安とお考えください。

写真はいずれも、四国に住む著名な昆虫研究者・高井幹夫さんが撮影されたものです。

本文中に載っているラテン語の学名のなかに、ときどき*takahashii*が出てきますが、これはわたしのことです。ただ、わたしの見つけた未記載種（新種）のすべてに*takahashii*という学名がついているわけではありません。また、本書で紹介できなかったカメムシにも*takahashii*という学名のものがありますし、カメムシ以外の昆虫に*takahashii*とつくものもいます。

じゃあ、*takahashii*がついているかどうかは別として、いままでどれくらいの数の新種の昆虫を見つけたのかとよく聞かれますが、わたしにもまったくわかりません。すごいね、と言われそうですが、本文にも書いてあるように、昆虫の新種発見など日常茶飯事です。

新種発見のプロセスで一番大変なのは、新種の採集よりもむしろ、学会誌に「これは新種です」という論文を書くことです。いまもときどき、「20年以上も前にあんたが採った虫を新種記載したいんだが、採集状況を詳しく教えてくれ」というような手紙が分類の研究者から来ることがあります。一緒に虫の写真も送られてくるのですが、ほとんどの場合、そんな虫を採ったことすらわたしはすっかり忘れています。

モンキヒラタサシガメ

Tiarodes miyamotoi（サシガメ科）
体長：約18mm
分布：石垣島、西表島

「黒い体に黄色い紋が2つついてるサシガメ（カメムシ亜目サシガメ科の昆虫）を送ってくれ」と頼まれて送った、記念すべき第1号のカメムシです。ところが、わたしが頼まれたのはキボシサシガメという別のサシガメで、この美しいサシガメはその後、2002年に新種として発表されました。サシガメの仲間はいずれも捕食性です。

キボシサシガメ

Ectomocoris biguttulus（サシガメ科）
体長：約14mm
分布：南西諸島、台湾、中国、フィリピン、インドネシアなど

わたしが頼まれた「黒い体に黄色い紋が2つついてるサシガメ」とは、このカメムシのことでした。たしかに、黒い体に黄色い紋が2つついています。職場の灯火にもよく飛んでくる、おなじみの虫でしたが、頼まれたときは、なぜかモンキヒラタサシガメのほうが先に頭に浮かんできてしまったのでした。

キイロサシガメ

Sirthenea flavipes（サシガメ科）
体長：約19mm
分布：本州、四国、九州、南西諸島、台湾、朝鮮半島、中国など

ケラを捕食中。灯火によく飛来する大型のサシガメで、不用意につかむと、そのするどく太い口吻で刺されます。飛び上がるほど痛いので、十分に注意しましょう。

シマサシガメ

Sphedanolestes impressicollis（サシガメ科）
体長：約15mm
分布：本州、四国、九州、対馬、台湾、
朝鮮半島、中国、インドなど

ハムシを捕食中。甲虫やチョウなどを捕食する普通種です。

セアカユミアシサシガメ

Polytoxus rufinervis（サシガメ科）
体長：約10mm
分布：本州、四国、九州、奄美大島、沖縄本島、
中国南部、ベトナム

ススキなどの根際に見られ、小型の昆虫を補食します。

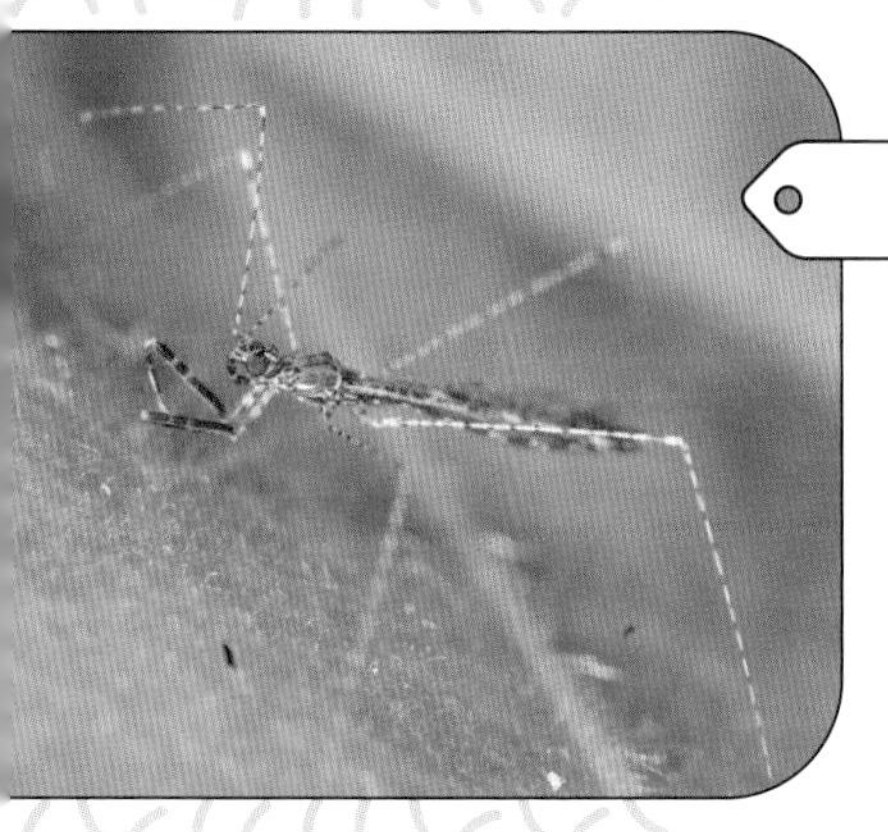

ヒメマダラカモドキサシガメ

Empicoris minutus（サシガメ科）
体長：約4mm
分布：本州以南、マリアナ諸島、ハワイ諸島、
サモア、フィジーなど

カのように華奢な体をしたサシガメです。カモドキサシガメの仲間は南方系で、本種は枯れたススキなどに生息しています。

ブチヒゲメダカカスミカメ

Zanchius ryukyuensis（カスミカメムシ科）
体長：約3.5mm
分布：沖縄、石垣島、西表島

カスミカメの仲間は、主に樹や草の葉の上などで見つかります。よく見ると、とてもきれいな色彩をしています。

アカホシメダカカスミカメ

Zanchius tarasovi（カスミカメムシ科）
体長：約5mm
分布：北海道、本州、四国、千島、ロシア極東部、中国、モンゴル

背面は通常、淡緑色ですが、写真の個体のように、背中に赤い斑紋をもつものもいます。ヤナギやクヌギなどのほか、さまざまな樹につきます。

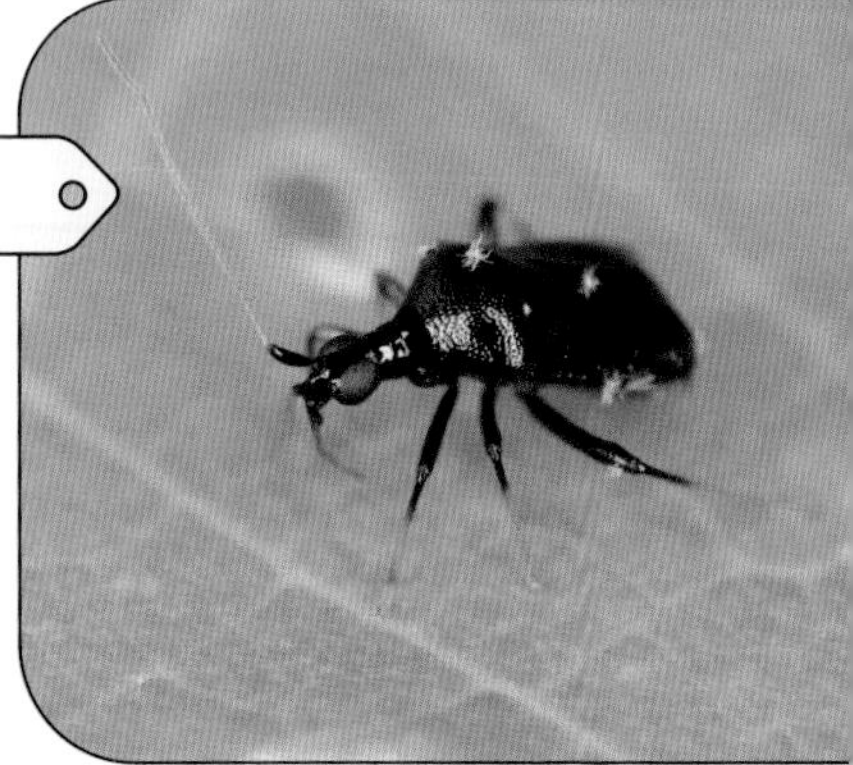

ハナダカカスミカメ

Fingulus longicornis（カスミカメムシ科）
体長：約4mm
分布：本州、四国、九州、対馬、南西諸島、フィリピン

ツヤのある黒いカスミカメです。ガジュマルの葉の上でアザミウマを捕食しています。

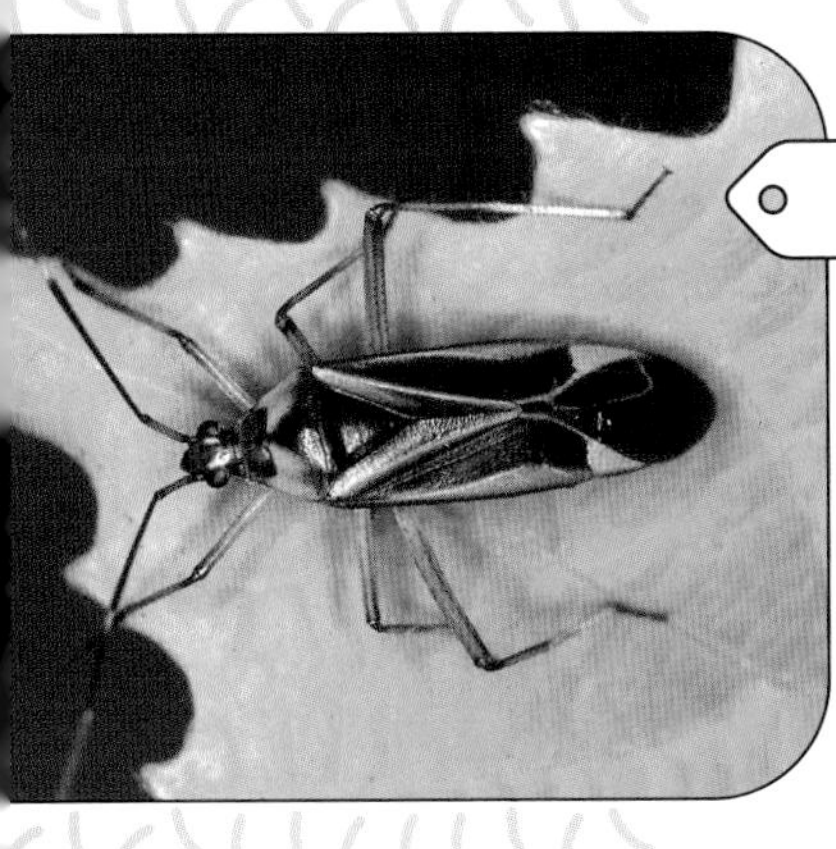

アカスジオオカスミカメ

Gigantomiris jupiter（カスミカメムシ科）
体長：約14mm
分布：本州、四国、九州、
朝鮮半島、ロシア極東部

大型のカスミカメです。色彩変異が大きい種で、オニグルミ、ヤナギをはじめ、各種植物につきます。

アカツヤハシリカスミカメ

Hallodapus ravenar（カスミカメムシ科）
体長：約2.7mm
分布：奄美大島、沖縄本島、石垣島、
西表島、与那国島、香港、東洋熱帯

ハシリカスミカメの仲間は、熱帯系のものが多く、草むらなどに潜み、よく走ります。

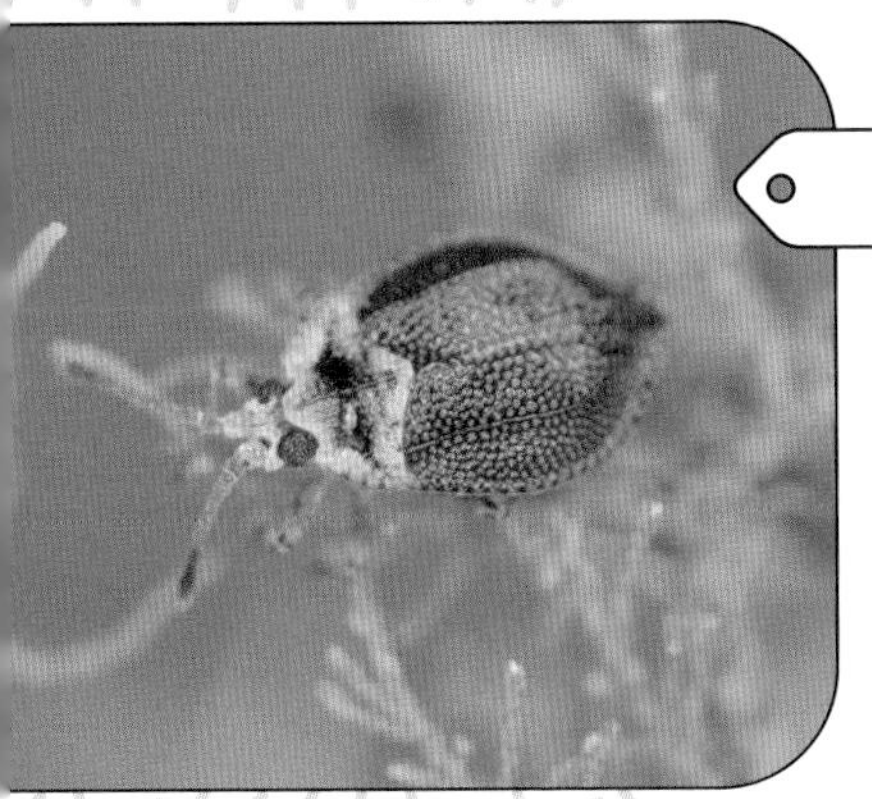

マルグンバイ

Acalypta sauteri（グンバイムシ科）
体長：約2mm
分布：本州、四国、九州

丸い体型をしたマルグンバイの仲間は、いずれもコケに寄生します。

アワダチソウグンバイ

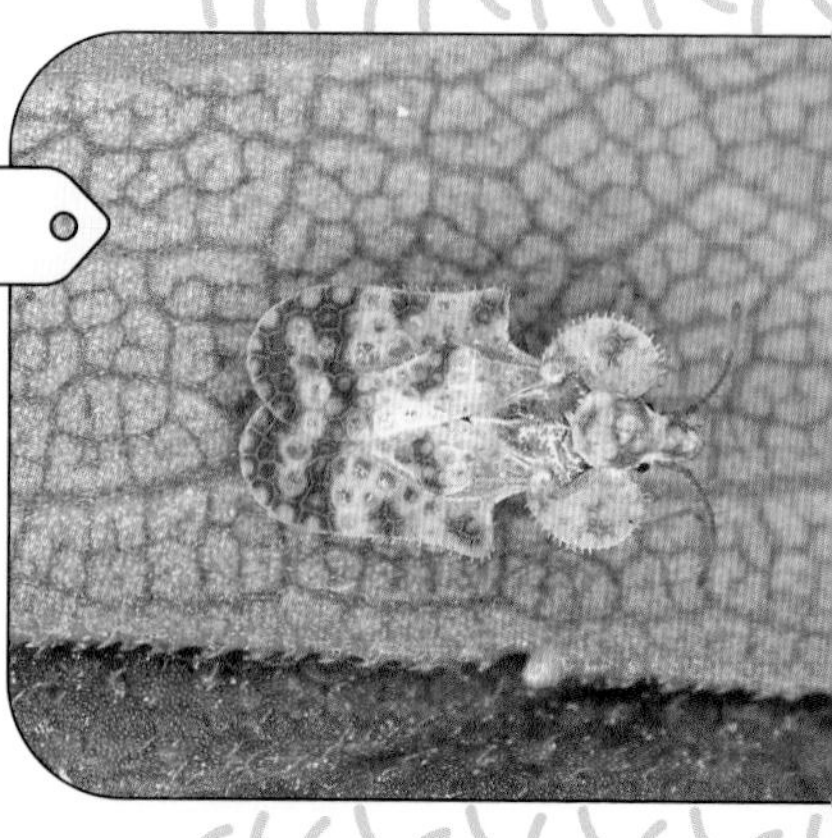

Corythucha marmorata（グンバイムシ科）
体長：約3mm
分布：本州、四国、九州、北米

北米原産のグンバイムシ。日本では1999年に初めて確認されました。急速に分布を拡大し、いまではいろいろなキク科植物に見られます。

グンバイムシ科の一種

Leptoypha sp.
分布：石垣島

いまのところ、この写真の1個体が知られているだけです。

アシブトマキバサシガメ

Prostemma hilgendorfii（マキバサシガメ科）
体長：約7mm
分布：北海道、本州、四国、九州、朝鮮半島、済州島、ロシア極東部、中国

地表に住み、小さな虫を補食しています。南西諸島には、よく似たタイワンアシブトマキバサシガメが生息しています。

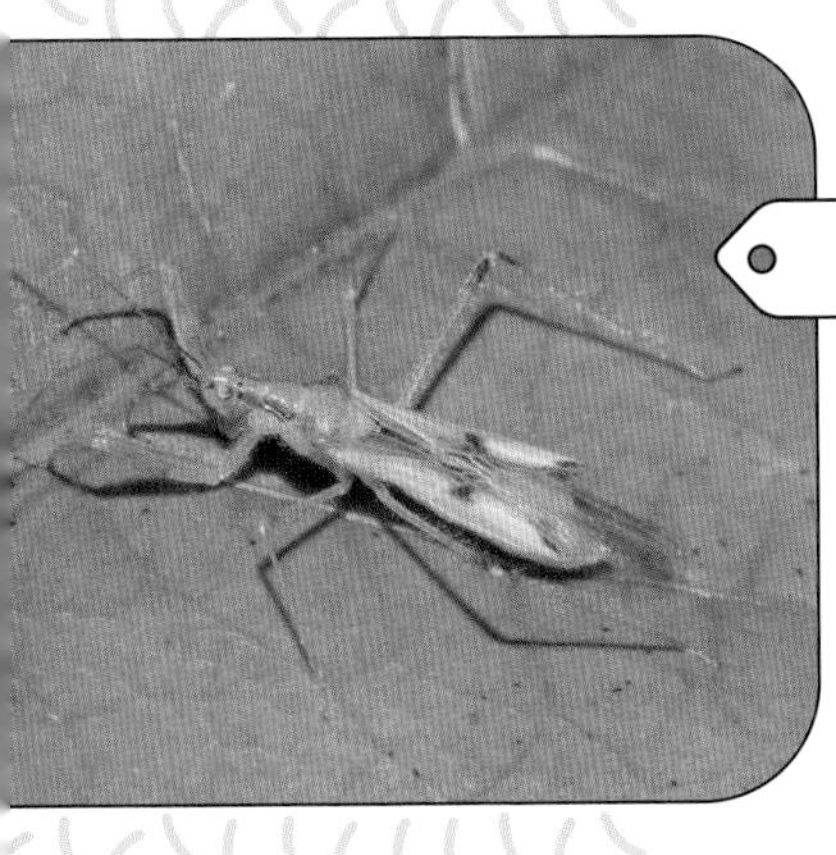

ベニモンマキバサシガメ

Gorpis japonicus（マキバサシガメ科）
体長：約13mm
分布：本州、四国、九州、朝鮮半島、中国北部

淡い黄緑色の翅に赤い斑点をもつ、美しい種です。本科の種は、いずれも捕食性です。

クビレヤサハナカメムシ

Amphiareus constrictus（ハナカメムシ科）
体長：約3mm
分布：世界中に広く分布

ハナカメムシの仲間は、いずれも体長2-4mmと小型ですが、どの種も捕食性です。

トコジラミ

Cimex lectularius（トコジラミ科）
体長：約5mm
分布：全世界のヒト生息地域

ナンキンムシとも呼ばれる、有名な吸血性カメムシです。昼間は部屋の中の隙間に潜み、夜間に出てきて吸血します。わたしも吸血されたことがありますが、相当にかゆいです。伝染病の媒介は報告されていません。

ヒウラカメムシ

Holostethus breviceps（カメムシ科）
体長：約8mm
分布：本州、ロシア極東部、中国

イネなどにつきますが、日本ではなぜか青森県と茨城県でしか見つかっていません。

イシハラカメムシ

Chalazonotum ishiharai（カメムシ科）
体長：約10mm
分布：本州、四国、朝鮮半島

小楯板の先端に顕著な黄白色の紋があります。ミツバウツギの果実を吸汁します。

ニシキキンカメムシ

Poecilocoris splendidulus（キンカメムシ科）
体長：約18mm
分布：本州、四国、九州、朝鮮半島、中国

幻想的な色彩をもつキンカメムシ。寄主植物（ホスト）はツゲ。分布は局所的です。

ナナホシキンカメムシ

Calliphata excellens（キンカメムシ科）
体長：約18mm
分布：奄美大島以南、中国、東南アジアなど

沖縄へ行くとよく見かける、大型のキンカメムシです。本種は、カメムシでは珍しい、求愛ダンスを行ないます。その様子は高井幹夫さんにより初めて報告されました。

チャイロカメムシ

Eurygaster testudinaria（キンカメムシ科）
体長：約10mm
分布：本州、四国、九州、
朝鮮半島、中国、中央アジア、中東

キンカメムシ科に属するものの、小型で地味な色彩をしています。

オオキンカメムシ

Eucorysses grandis（キンカメムシ科）
体長：約19-26mm
分布：本州、四国、九州、屋久島、沖縄、石垣島、
西表島、台湾、中国、東南アジアなど

大型のキンカメムシです。主に海岸付近の照葉樹林で見られ、しばしば葉の裏に集団をつくって越冬します。

アカギカメムシ

Cantao ocellatus（キンカメムシ科）
体長：約17-26mm
分布：本州、四国、九州、南西諸島、
台湾、朝鮮半島、中国、東南アジアなど

アカメガシワの葉の上で集団をつくっているのがよく観察されます。雌成虫は、卵が孵化するまで、その上に覆い被さるようにして保護します。以前は南西諸島でしか見られませんでしたが、近年、北上を続けています。

ツノアカツノカメムシ

Acanthosoma haemorrhoidale（ツノカメムシ科）
体長：約16mm
分布：北海道、本州、四国、九州、朝鮮半島、
中国、ロシア極東部、ヨーロッパなど

ツノカメムシの仲間は、前胸の両端が突出することが多く、それが名前の由来となっています。本種は、ナナカマドなどのバラ科植物で見つかります。

ヒメツノカメムシ

Elasmucha putoni（ツノカメムシ科）
体長：約8mm
分布：北海道、本州、四国、九州、
朝鮮半島、ロシア極東部など

ヒノキ、スギ、フサザクラ、ヤマグワ、コウゾなど多くの樹種に寄生します。メスは卵を一か所にかためて産み、その後、覆い被さるようにして保護します。

チビツヤツチカメムシ

Chilocoris confusus（ツチカメムシ科）
体長：約2.5mm
分布：本州、四国、九州、朝鮮半島

海岸林の落ち葉まじりの砂を、水を張ったバケツの中に入れてかき回したら浮いてきました。ツチカメムシの仲間は、やや平たい形をし、ツヤがあるものが多いです。

キボシマルカメムシ

Coptosoma japonicum（マルカメムシ科）
体長：約3mm
分布：本州、四国、九州、対馬、奄美大島、沖縄本島、石垣島、西表島、台湾、中国南部

マルカメムシの仲間は、日本に15種いて、どれも丸っこい体型をしています。ツヤツヤの体に、黄色い斑点をもつ本種は、メドハギなどのマメ科植物に寄生します。

ホソヘリカメムシ

Riptortus pedestris（ヘリカメムシ科）
体長：約16mm
分布：北海道以南、台湾、朝鮮半島、中国、東南アジア、アフガニスタンなど

マメ科作物などを吸汁する大害虫です。幼虫はアリによく似ています。

フチベニヘリカメムシ

Leptocoris rufomarginatus（ヒメヘリカメムシ科）
体長：約20mm
分布：沖縄本島、石垣島、黒島、西表島、
台湾、東南アジア、オーストラリアなど

アカギモドキに寄生する大型の種で、紅色のふちどりをもつ美麗種です。

シロジュウジホシカメムシ

Dysdercus decussatus（ホシカメムシ科）
体長：約14mm
分布：南西諸島、台湾など

オオハマボウなどに寄生し、晩秋から晩春にかけ、葉の裏に集団を形成します。上は黒頭型、下は赤頭型。従来、両者は別種とされ、黒頭型はクロジュウジホシカメムシと呼ばれてきました。本種のように、別種であるとされていたものが同種になったり、ひとつの種であると思われていたものが別種に分けられたりすることはよくあります。

ダルマホシカメムシ

Armatillus verrucosus（ホシカメムシ科）
体長：約4.5mm
分布：石垣島、西表島、台湾、ミャンマー

山沿いの枯れたススキの株元に住んでいます。丸くてコロコロしたカメムシです。美麗種の多いホシカメムシ科のなかでは異例の、黒一色のカメムシです。

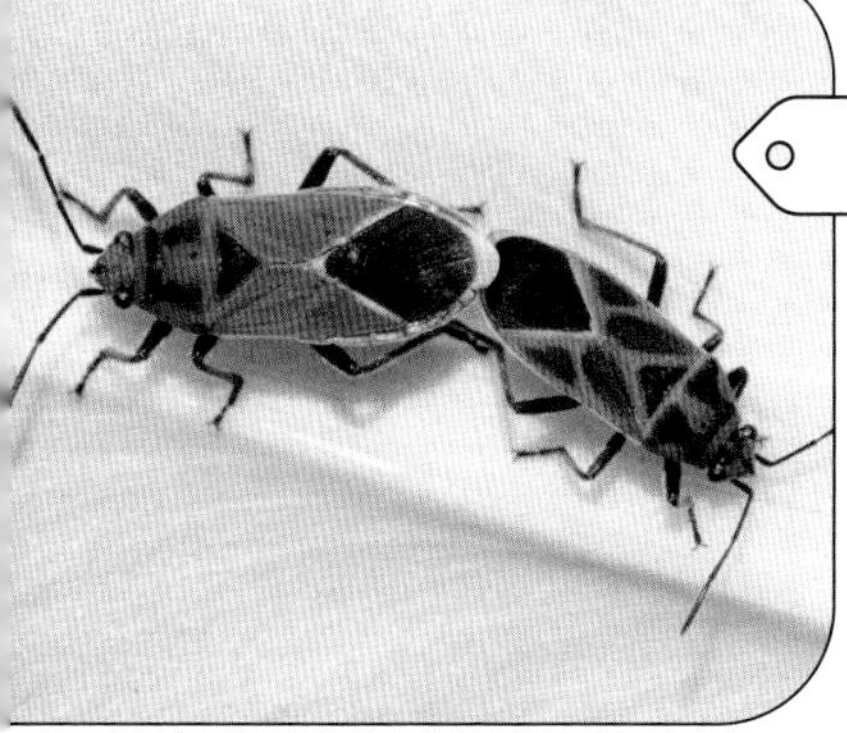

ヒメマダラナガカメムシ

Graptostethus servus（マダラナガカメムシ科）
体長：約8mm
分布：本州以南、台湾、朝鮮半島、中国、ロシア、東南アジア、熱帯アフリカ、太平洋諸島など

ヒルガオ科植物に多く見られ、色彩にしばしば変化が見られます。

クロズヒョウタンナガカメムシ

Pachybrachius festivus（ヒョウタンナガカメムシ科）
体長：約5mm
分布：本州

湿地で見つかる、珍しい種類です。ヒョウタンナガカメムシの仲間は種類が多く、未記載種がたくさん残されています。

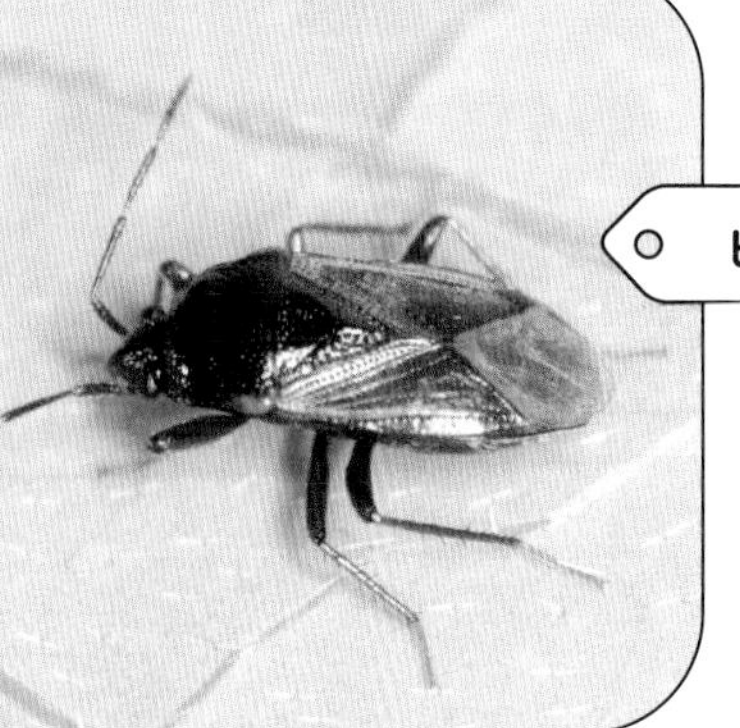

ヒョウタンナガカメムシ科の一種

分布：本州

霞ヶ浦で採集しました。背面にツヤがあります。種名はまだ確定していません。

ケブカクロナガカメムシ

Plinthisus japonicus（ヒョウタンナガカメムシ科）
体長：約3.5mm
分布：本州、四国、
朝鮮半島、ロシア極東部、モンゴル

山間部の河川敷の落ち葉の中に住んでいます。

モリモトナガカメムシ

Scolopostethus morimotoi（ヒョウタンナガカメムシ科）
体長：約3.5mm
分布：石垣島、西表島

黒地に白い斑点のある美しい種です。アコウの果実から見つかります。

クロマダラナガカメムシ

Heterogaster urticae（クロマダラナガカメムシ科）
体長：約8mm
分布：北海道、本州、中央アジア、中近東、
ヨーロッパ、アフリカ北部

イラクサに寄生します。

オオメナガカメムシ

Geocoris varius（オオメナガカメムシ科）
体長：約5mm
分布：本州、四国、九州、
台湾、朝鮮半島、済州島、中国

雑食性で、草の上にごく普通に見られます。

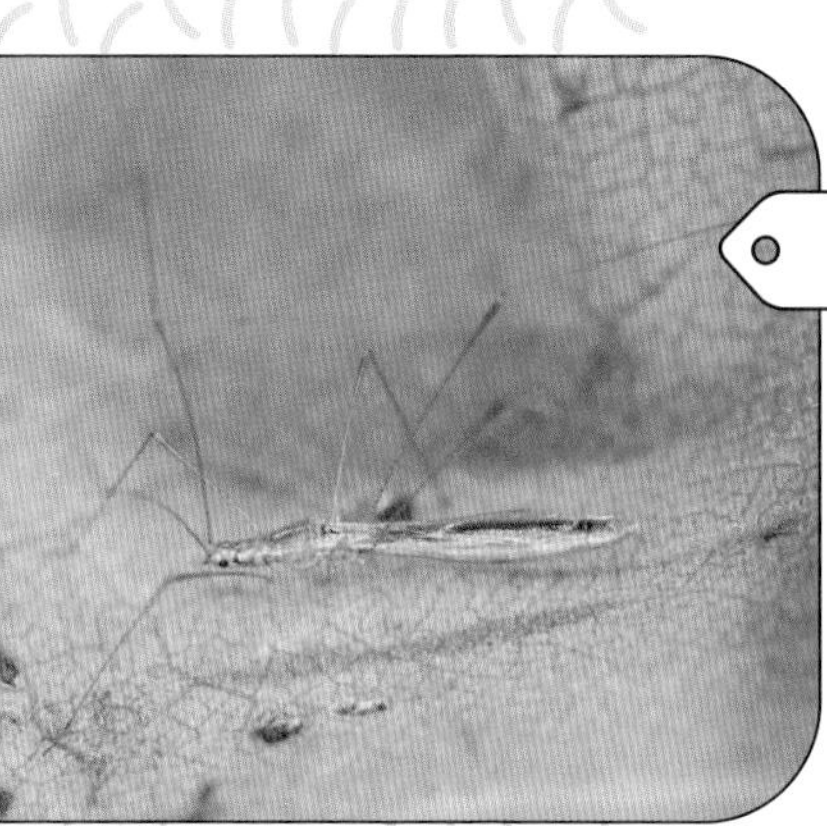

イトカメムシ

Yemma exilis（イトカメムシ科）
体長：約7mm
分布：本州、四国、九州、対馬、朝鮮半島

本科は日本から6種が知られていますが、いずれも体が細長く、脚はさらに細長い、弱々しい感じのカメムシです。

エサキヒラタカメムシ

Aradus esakii（ヒラタカメムシ科）
体長：約9mm
分布：本州、四国、九州

ヒラタカメムシの仲間は、いずれも横から見ると紙のような平たい形をしています。樹皮下や重なったキノコのすきまなどにもぐり込むのに好都合な形です。

オオカバヒラタカメムシ

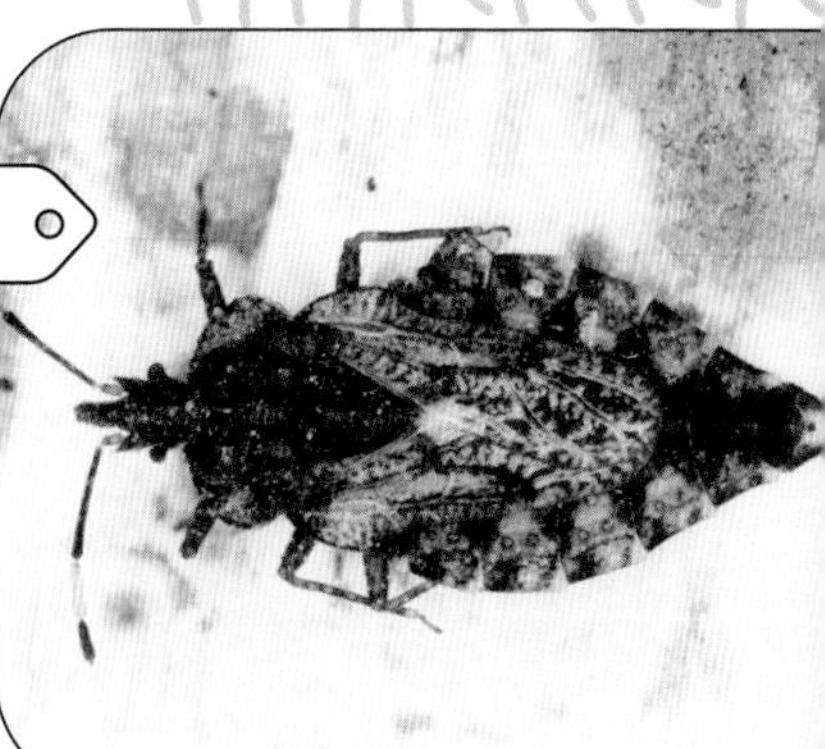

Aradus herculeanus（ヒラタカメムシ科）
体長：約10mm
分布：本州、ロシア極東部

珍しい種です。ヒラタカメムシの専門家・長島聖大さんにより、ツリガネタケが寄主であることが判明しました。

ノミカメムシ科の一種

体長：約1mm
分布：本州

霞ヶ浦で採集しました。種名は確定していません。ノミカメムシ科、ムクゲカメムシ科、オオムクゲカメムシ科の種はまだ分類が進んでおらず、多くの未記載種が存在しています。

チャイロクビナガカメムシ

Oncylocotis sp.（クビナガカメムシ科）
体長：約6mm
分布：沖縄本島、西表島

本科は最も原始的なカメムシの仲間で、いずれの種も捕食性です。本種は、西表島のアシナガキアリの巣から発見された、珍しい種です。

アカスジキンカメムシ

Poecilocoris lewisi（キンカメムシ科）
体長：約18mm
分布：本州、四国、九州、台湾、中国

キンカメムシ科のなかでは最もよく見かける種類です。

広島県在住の菅田茂画伯による細密画。

「10代の終わり頃から、標本画を描き始めました。これまで、さまざまな作品を描いてきましたが、細密画による作品はずっと描き続けてきました。細密画を描くのは、それが世界を知る手がかりとなるためです。一枚の昆虫を描くために、その昆虫について多くを知らなくては描くことができません。ぼくには、描くための『知る』プロセスが重要です。昆虫を描く理由は、昆虫が多くの一般の人間から疎まれ、嫌がられるからです。しかし、昆虫はぼくたちの身近に常に存在し、人間とは異なる生存戦略で、人間よりもはるかに長い年月を生存進化してきました。ぼくにとって、昆虫は、とても興味深い対象なのです（菅田画伯の手紙から）」

カメムシの基本の「キ」

カメムシの分類

　カメムシ目（半翅目ともいいます）は従来、ヨコバイ、ウンカ、アブラアムシ、セミ、カイガラムシなどを含むヨコバイ亜目（同翅亜目ともいいます。この亜目は現在、いくつかのグループに分けられています）と、一般的なカメムシ類を含むカメムシ亜目（異翅亜目ともいいます）に大別されてきました。

　このうちカメムシ亜目は、次の7つの下目に分けられます。わたしが採集したのは主に、カメムシ下目、トコジラミ下目、クビナガカメムシ下目、およびムクゲカメムシ下目に属するカメムシです。

❶カメムシ下目

カメムシ科 、キンカメムシ科、ツノカメムシ科、ツチカメムシ科、マルカメムシ科、ヘリカメムシ科、ホシカメムシ科、ヒョウタンナガカメムシ科、ヒラタカメムシ科など

❷トコジラミ下目

ハナカメムシ科、サシガメ科、カスミカメムシ科、グンバイムシ科など

❸タイコウチ下目

コオイムシ科、タイコウチ科、マツモムシ科、コバンムシ科、ナベブタムシ科など

❹アメンボ下目

アメンボ科、カタビロアメンボ科など

❺ミズギワカメムシ下目

ミズギワカメムシ科、サンゴカメムシ科など

❻クビナガカメムシ下目

クビナガカメムシ科

❼ムクゲカメムシ下目

ムクゲカメムシ科、ノミカメムシ科など

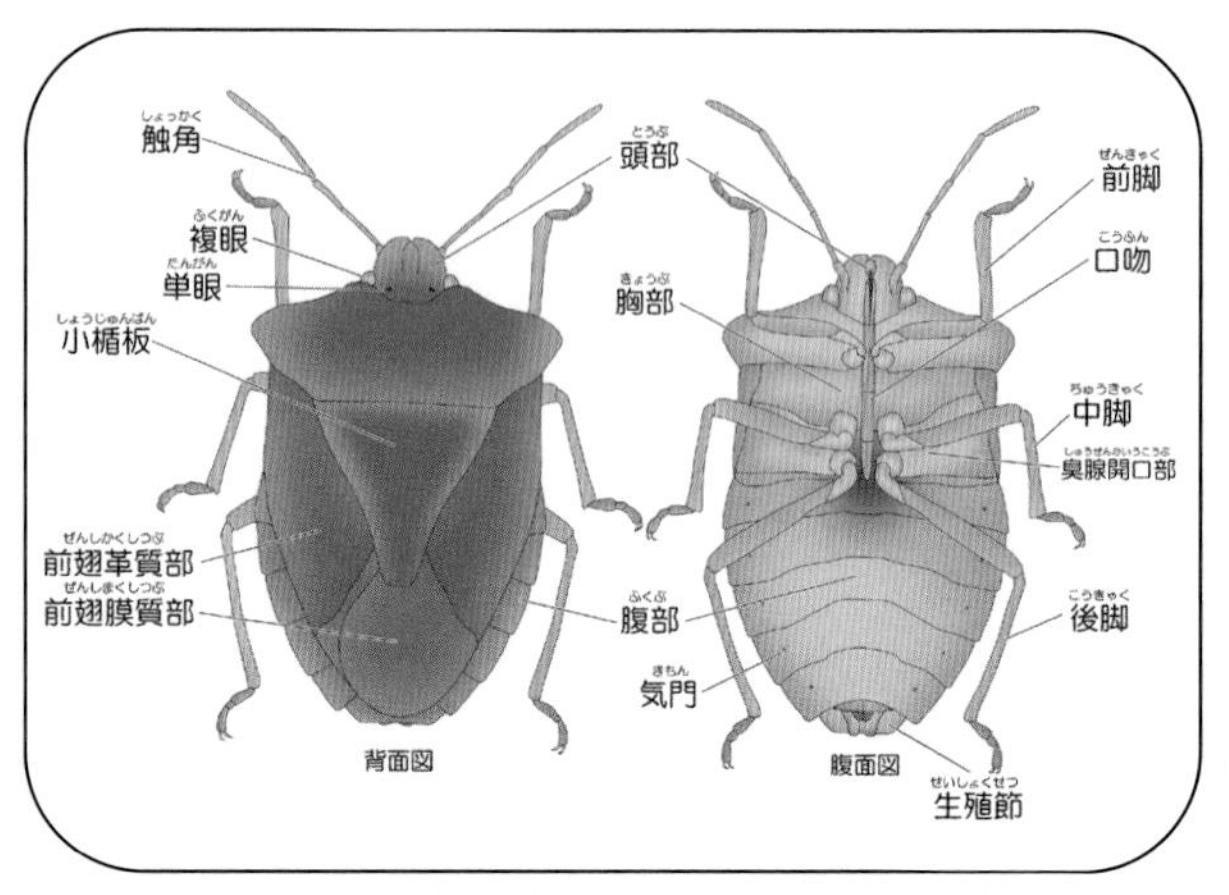

カメムシ亜目の基本形態

カメムシ亜目はストローのような口吻をもち、背中にある小楯板と呼ばれる部分が発達しています。また、成虫の腹面には、臭いにおいを出す臭腺がついています。この臭腺は、幼虫時代には背面にあります。図はエゾアオカメムシ*Palomena angulosa*。長島聖大氏作図。

カメムシの
成虫と幼虫の形態

カメムシは不完全変態を行ない、幼虫も成虫もよく似た形態をしています。

写真は、ウシカメムシ*Alcimocoris japonensis*の幼虫（上）と成虫（下）。高井幹夫氏撮影。

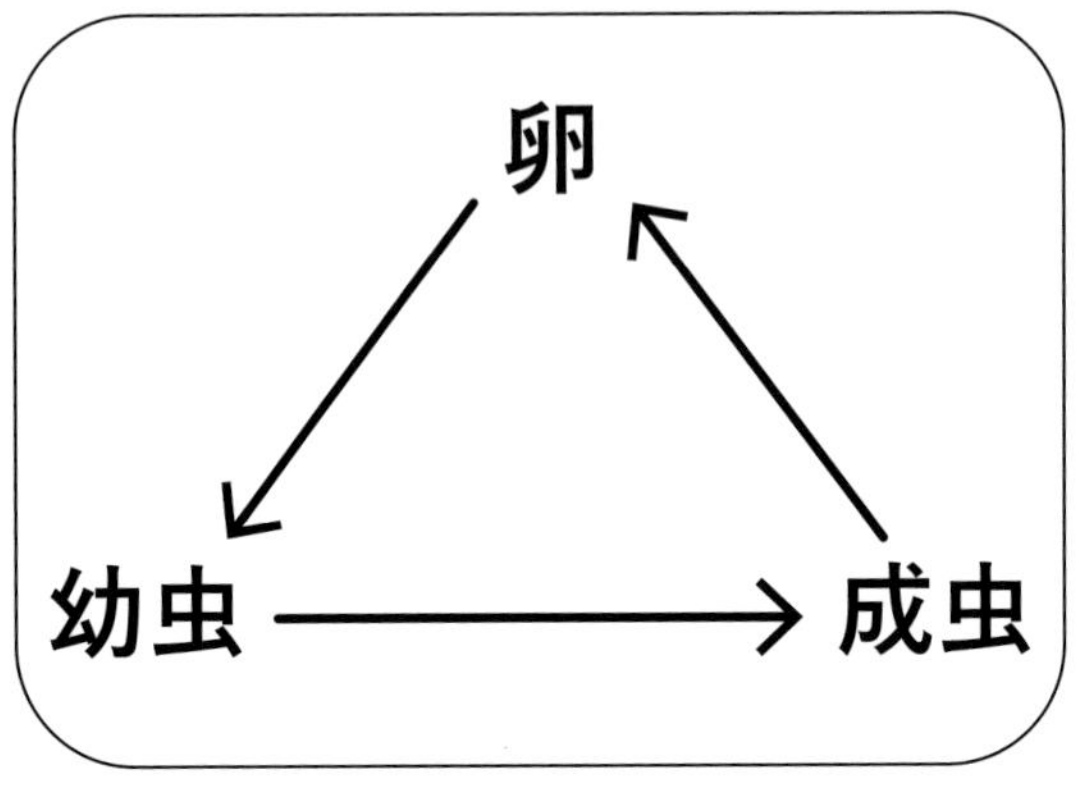

カメムシのライフサイクル

カメムシは不完全変態を行なうため、蛹の段階がありません。幼虫は通常、5齢を経て成虫になります。大多数のカメムシの年間の発生回数は1、2回です。

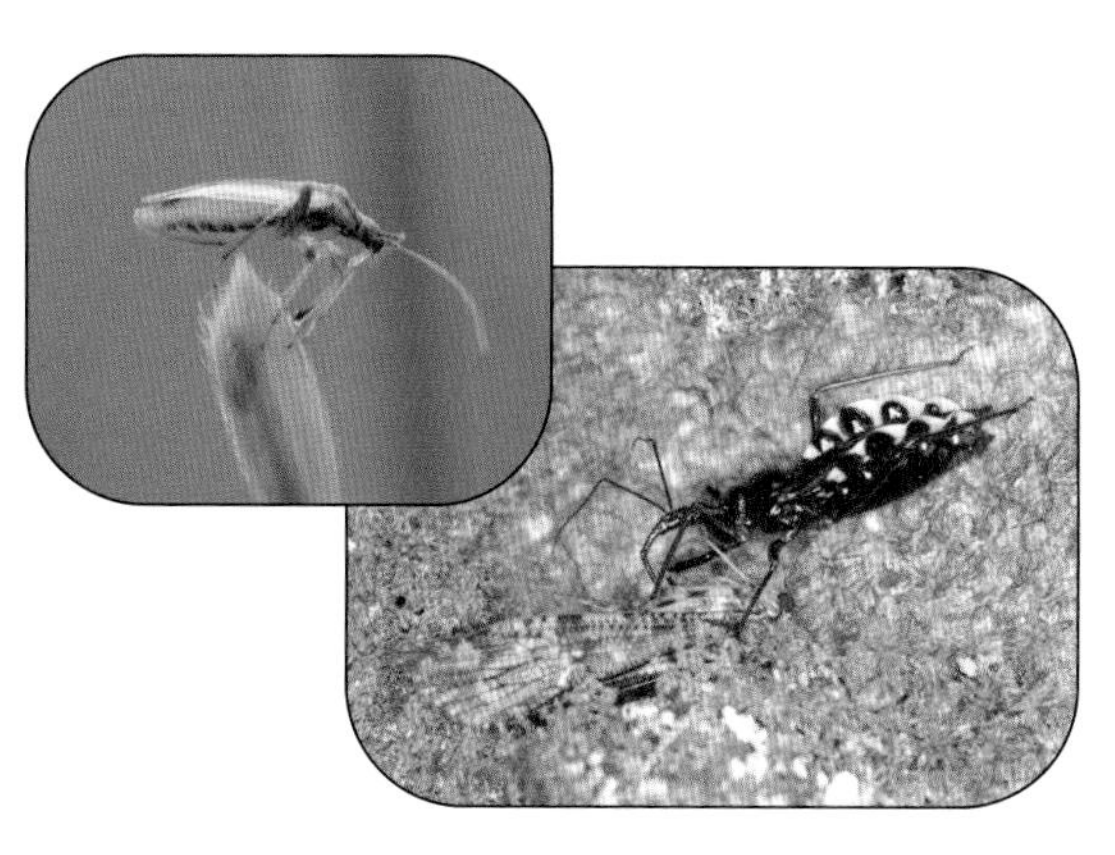

カメムシの食性

カメムシはストローのような口で、動物の体液を吸ったり（捕食性）、植物の汁を吸ったりします（植食性）。捕食性から、次第に植食性に変化していったと考えられています。

写真は、ヒゲナガカワトビケラを捕食するヨコヅナサシガメ*Agriosphodrus dohrni*（右）と、イネの種子を吸汁するアカスジカスミカメ*Stenotus rubrovittatus*（左）。高井幹夫氏撮影。

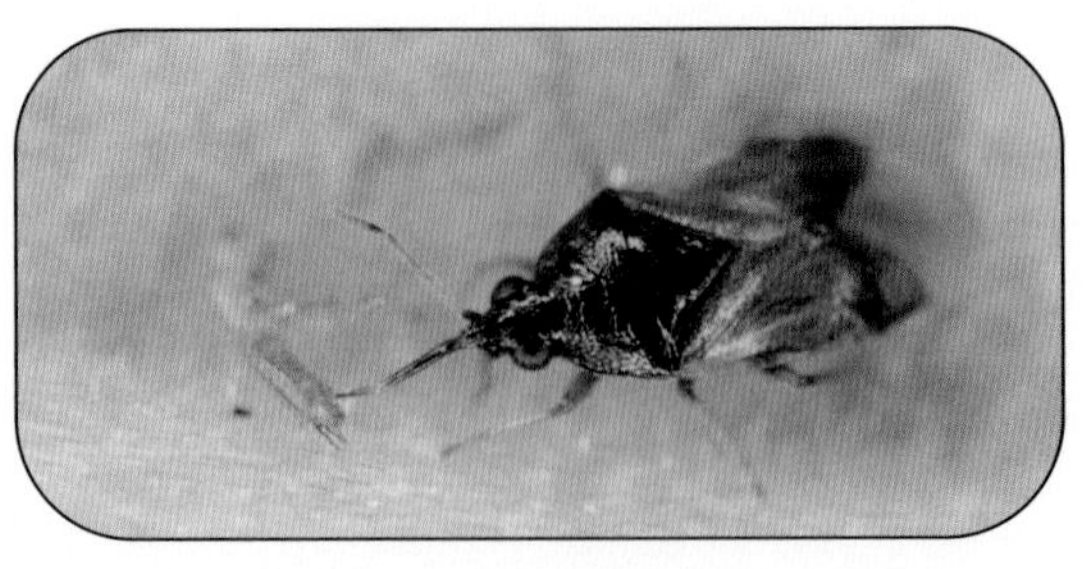

カメムシと人間の関わり

カメムシのなかには、各種の農作物を加害する害虫もあれば、害虫の体液を吸う天敵として知られるものもあります。また、カメムシを食料として食べる習慣のある民族もあれば、カメムシをモチーフにした芸術品をつくる人もいます。けれども、ほとんどのカメムシは、土や落ち葉の中、草のあいだ、あるいは木々の茂みの中で、いまもなお、ヒトに気づかれることなく生活しています。写真は、農業害虫であるアザミウマの体液を吸うタイリクヒメハナカメムシ *Orius strigicollis*（ハナカメムシ科）。高井幹夫氏撮影。

諸国カメムシ採集記

カメムシ採集人の新種をめぐる冒険

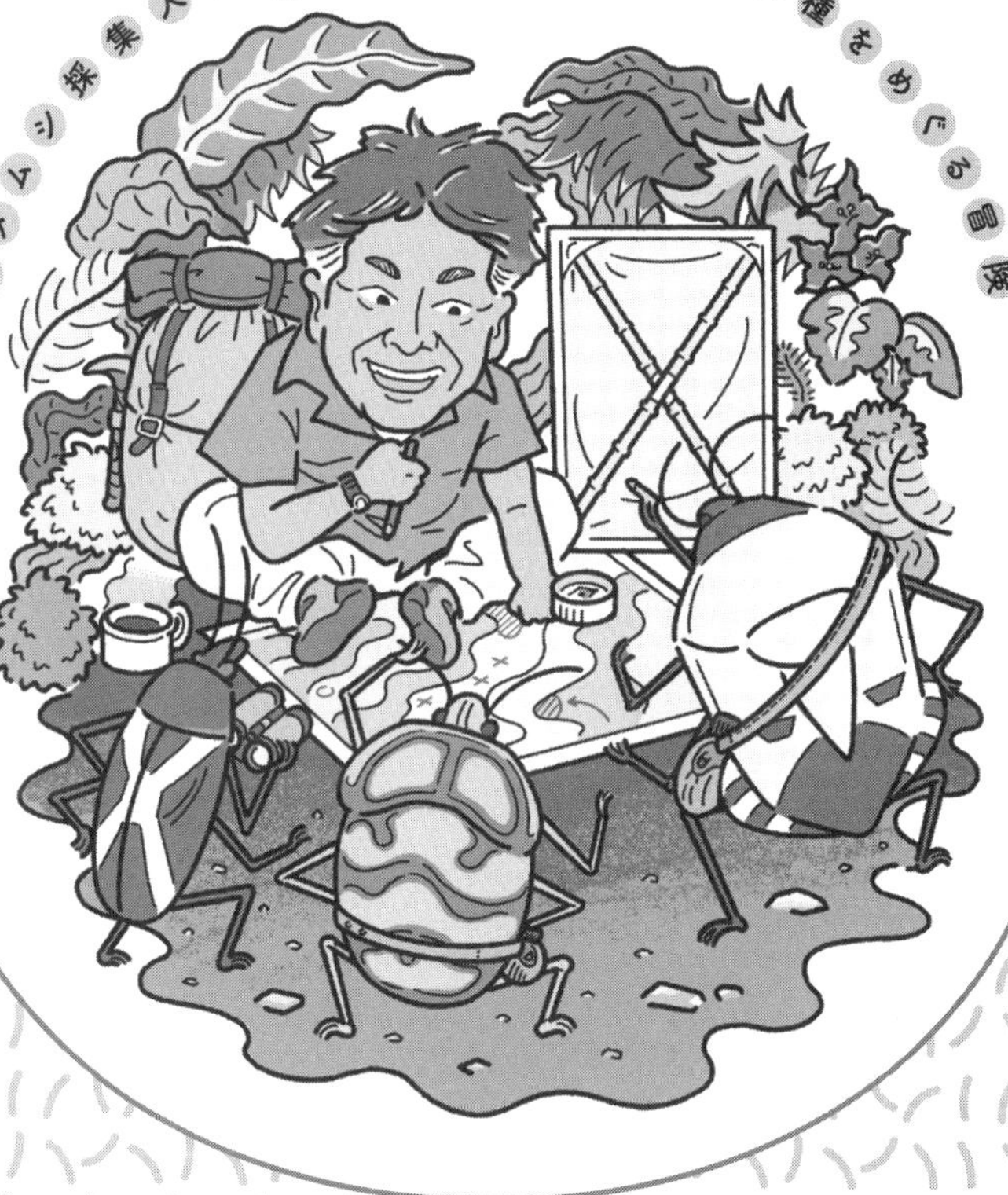

はじめに

わたしがまだうんと若かったころ、頭の中は四六時中、ロッククライミングのことでいっぱいでした。

その後、ふとしたきっかけで沖縄に住むようになると、今度は魚釣りのことでいっぱいになってしまいました。

そうしてある日、わたしは突如、カメムシ採集人になりました。そのときわたしはすでに40歳になっていましたが、頭の中はもうカメムシのことでいっぱいです。自分でも信じられないことでした。ついこのあいだまで、カメムシのことなんか頭の中には1ミリもなかったのに！

わたしたちの目の前を、日々さまざまな偶然が通り過ぎていきます。

ときどき、わたしたちはきまぐれにその偶然をつかまえます。

それは人生という旅に現れる、行き先のわからない列車のようなものかもしれません。

本書は、前半部のカメムシについてのお話と、後半部の、カメムシを探して回った土地での思い出話でできあがっています。

後半部については、ただの旅行記じゃないかと思う方もいるかもしれません。たしかにそうなのですが、採集というものは、もともとそんなものです。珍種との遭遇を語るハイライトはごくわずかで、実際には日々の移動や現地の人々との交流が大半を占めます。そういう普段はほとんど書かれることのない部分も、本書のなかに記録しておきたいとわたしは考えました。

前置きは以上です。

このへんで切り上げて、さっそく本文に入ることにしましょう。

〔目次〕

4　カメムシを探しながら巡った土地で　

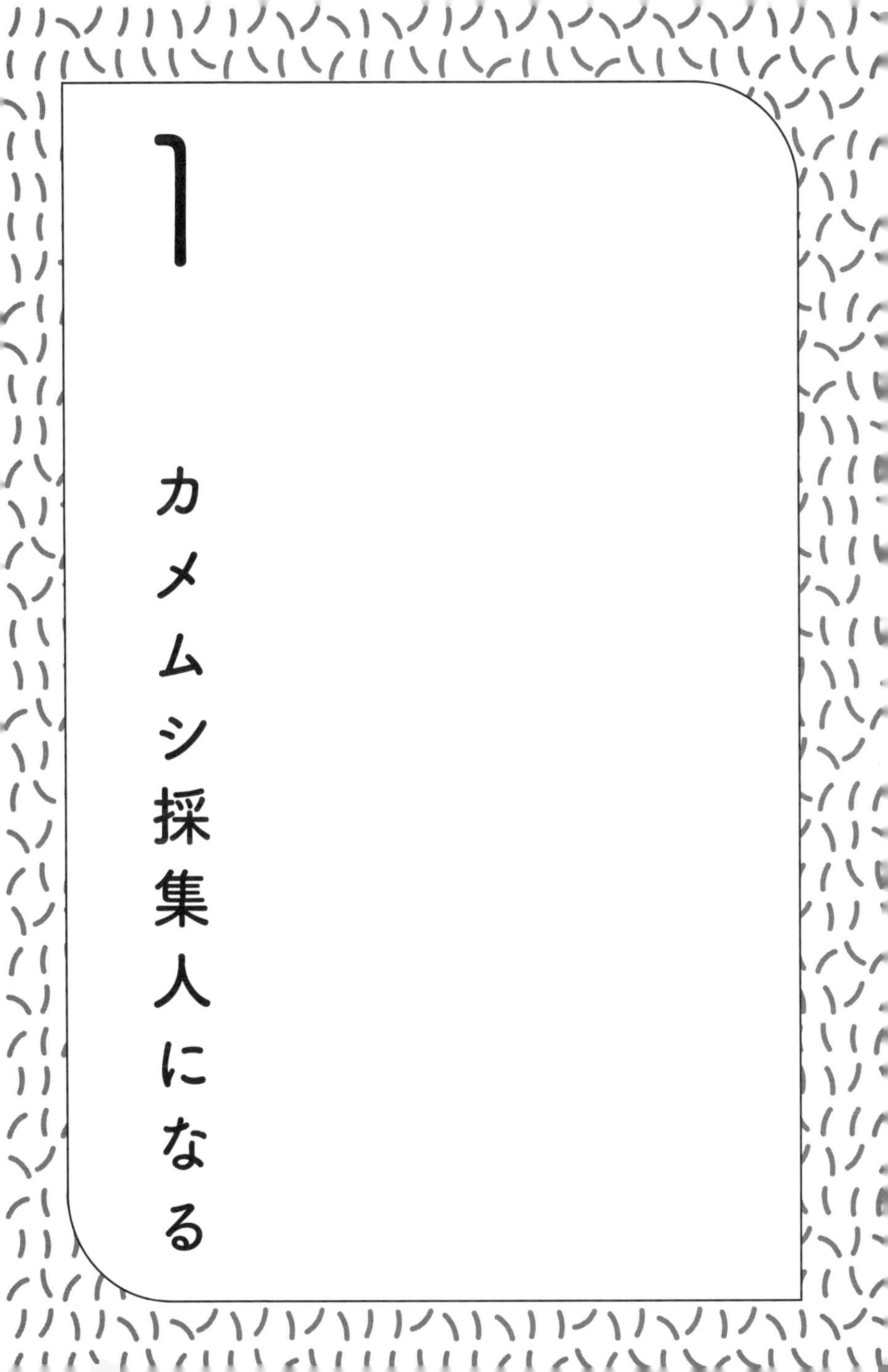

1

カメムシ採集人になる

採集人とはなにか？

地球上の多くの生き物に名前のない時代がありました。

といっても、神様がつけた名前ではなく、ヒトがつけた名前のことです。

長いあいだ、ヒトは生きるだけで精一杯で、必要のないものには名前などつけなかったのです。

レドモンド・オハンロンの著書『コンゴ・ジャーニー』のなかで、コンゴ人研究者のマルセラン・アニャーニャ博士はこう言っています。

「あの植物には使い道がない。だから、名前もない」

それはなにも生き物だけのことではなく、山であれ星であれ、ヒトは自分たちと無関係なものには、いちいち名前などつけなかったのです。

けれども、やがて生活に余裕ができてくると、ヒトはそれまで用もなかったものにも目を向けはじめ、名前をつけるようになりました。

そのひとつのあらわれが、博物学の誕生です。

自然界にあるさまざまな動物や植物、鉱物などを収集・分類し、名前をつけるのです。

大航海時代や植民地時代の到来とともに、外国産の珍しい生物や鉱物がヨーロッパに次々ともたらされるようになると、多くの人々が博物学にのめり込んでいくようになりました。

ジュール・ヴェルヌの傑作『海底二万里』は、そうした博物学の熱狂のなかで書かれた海洋小説です。一見、冒険小説のかたちをとってはいますが、見方によっては海洋博物学の本ともいえます。

本書のなかには、おびただしい数の海産生物の名前が列挙されていて、こうしたものに興味のない人は辟易してくるに違いありません。一方で、博物学に興味をもつ人なら、それらの名前を眺めているだけでもワクワクしてくることでしょう。

しかし、たとえ潜水艦や飛行機を持っていたとしても、ひとりの個人が地球全体をカバーすることは、当時も、そして現在においても不可能です。そこで博物学者たちは、専門の採集人を世界中に派遣して標本を集めることにしました。

なかには、自発的に海の向こうの世界を渡り歩いて生き物を集め、それを博物学者などの収集家に売る採集人や、収集家と採集人のあいだを取り持つ標本商なども出現しはじめました。

ニュージーランド生まれの物理学者で、数多くの発見をなしとげた、かの偉大なるアーネスト・ラザフォードは言いました。

「すべての科学は物理学か、切手集めのいずれかである。」

彼から見れば、博物学などまさに切手集めの典型と映ったことでしょう。

しかし、この博物学という、いま振り返れば牧歌的ともいえる学問を通して、ヒトは迷信によってがんじがらめに支配された世界から、知らず知らずのうちにその外の世界へと一歩を踏み出していったのです。

その立役者のひとりとなったチャールズ・ダーウィンも、博物学者であるとともに採集人でした。

チャールズ・ダーウィン（1809-1882）

博物学の時代はすでに過ぎ去ったといっていいかもしれません。生物界を例にとれば、今日の生物学はすでに、ＤＮＡをあやつって新しい生物を次々に生み出す段階にきています。

それでも、生物界を扱う博物学は名称を分類学と変え、未知の生物をいまもなお探しつづけています。

なぜなら、わたしたちには生物界の地図が必要だからです。

なかでも昆虫界の地図づくりには、専門の研究者のみならず、アマチュアも多数参加しています。

とくに日本ではアマチュアの活躍がめざましく、新種や日本新記録種（すでに存在が知られてはいるけれども、日本からは初めて記録される種）の探索とともに、地域の昆虫相の解明も盛んに行なわれています。

ダーウィンもまた、特定の大学などには属さないアマチュア研究家でした。

将来も、ヒトという生物種が存在する限り、生物界の地図づくりという地道な作業は、終わることなく続けられていくことでしょう。

考えてもみてください。航海であれ人生であれ、地図なくして、いったいどこへたどり着けるというのでしょう。

２００３年に作成されたアメリカ映画『ウォルター少年と、夏の休日』のなかで、ロバート・デュヴァル扮するおじさんがウォルター少年にこう言います。

「男にはいい地図が必要だ。」

もちろん、女の人にとっても、いい地図は必要です。

ヨーロッパで家屋に番号がつけられ、正確な地図ができはじめたころ、民衆の多くが基本的尊厳を損なわれた気がしたそうです。

わたしは番号ではない。

これと似たような反応はいまも見られます。

たしかに、税の取り立てからは逃れられなくなりましたが、同時に、郵便物が正確かつ迅速に配達されるようになり、また、街案内もしやすくなるなど、多くのメリットがあることに人々は気がつきました。

生物の研究においても同様です。

いま研究の対象にしている生物が、いかに特異な性質をもっていたとしても、その生物がなんという名前で、生物界のどのあたりに位置しているのかがわからなくては、言い換えれば、進化という地図のなかでどのあたりにいるのかがわからなくては、その能力がもつ意味の半分も理解したことにはなりません。

ウクライナ出身の遺伝学者テオドシウス・ドブジャンスキーが言ったように、「進化を考慮しない生物学は何も意味をなさない」のです。

現在もなお、地球上に生息する生物種の半分以上は未知のままであるといわれています。そして家の中にだって、細菌やカビ、節足動物など、20万種を超える生物が生息しています。

それらをこつこつと見つけ出しては、生物界の地図のどこに位置するかを確定し、名前をつけるのが今日の分類学です。

なるほど、小さな虫やカビなんかに名前などついていなくても、ほとんどのヒトにはなんの影響もないでしょう。けれどもそれはまた、世界中のヒトの名前を知らなくても、日常生活にはなんの問題もないのと同じことです。

でも、あるとき出会った、あなたにとってきわめて重要な意味をもつ虫やカビやヒトに名前がなかったら、わたしたちはどうしたらいいでしょう。

すべての通りに、街区に、そして家屋に、名前（あるいは番号）はついていたほうがいいのです。同じように、すべての生き物にも、名前はつけておいたほうがいいのです。

名前とは識別記号です。

識別記号にはさまざまなレベルがあります。

ヒトは、ある種の生物にイヌという名前をつけ、親密度が増してくると、さらに別の名前をつけたりします。

第一次世界大戦の撃墜王に、レッド・バロンことマンフレート・フォン・リヒトホーヘンがいます。彼の短い人生の唯一の伴侶は一頭のイヌであり、彼の最後の出撃を見送ったのも、この愛犬モーリッツでした。

博物学を支えた採集人たちもまた、それぞれ固有の名前をもっていました。残念ながら、彼らの名前のほとんどはすでに失われています。

今日でも、海外から入ってくる標本についているラベルを見ると、採集人名のところには、単に「現地採集人」としか記されていないことがしばしばあります。

正直言って、分類学の研究者からすれば、標本がいつどこで採集されたかだけが重要で、誰が採集したのかなどどうでもいいことです。たまに新種に採集者の名前がつくこともありますが、それは単なる社交辞令にすぎません。

しかし、ダーウィンをはじめとして、なかには今日に至るまでその名を残す採集人もいることにはいます。

分類学の父と呼ばれたスウェーデン人、カール・フォン・リンネは、自身も採集に（ちょこっと）出かけはしましたが、結局のところ、自分の代わりに「リンネの使徒」と呼ばれる弟子たちを世界中に送り出すこ

カール・フォン・リンネ（1707-1778）

とにしました。

ペール・カルム、ペール・フォッスコール、それに日本にもやってきたカール・ペーテル・ツュンベリー（日本では一般にツンベルクとして知られています）ら、その数は20人あまりにも達しました。もちろん彼らは、リンネによって強制的に送り出されたわけではなく、あくまで自発的に旅出っていったのです。

ヒトのなかには、抑えがたい好奇心の持ち主たちがいます。未知の世界におもむき、未知のものを見る衝動を抑えきれないのです。

こうした未知の世界へと、ためらうことなく踏み出していった者たちによって、今日のヒト世界は築かれてきたのです。

自ら進んで出かけていったとはいえ、彼らの苦労は並大抵のものではありませんでした。自力で資金を調達し、何年も帰国できず、病気に罹り、なかには途中で命を落とす者もいました。

その代わり、リンネの元には世界中から、見たこともない生物の標本が次々と届きました。

送られてきた標本のなかには、すっかりボロボロになって使いものにならないものも多かったのですが、とにかくリンネはできるだけのことをして、今日の分類学の基礎的

アルフレッド・ウォーレス（1823-1913）

手法ともなった二名法（ラテン語で属名と種名を列記したもの。例えばカブトムシなら *Trypoxylus dichotomus*）を駆使しながら、標本に次々と名前をつけ、生物界の新しい地図をつくりあげていったのです。

昆虫の採集人として最も有名なのは、ダーウィンとともに進化論に大きく寄与したイギリス人、アルフレッド・ウォーレスでしょう。採集人としての経歴は、25歳のときに南米のアマゾンへ渡ったときに始まります。

イギリスはもともと、数多くの探検家を輩出しています。探究心はもとより、イギリスのあの厳しい風土に耐える強靭な気質も大きく与っているに違いありません。

ウォーレスは、これまた採集人として有名なヘンリー・ベイツとともに、アマゾンで数々の採集を行ないました。この体験を皮切りに、マレーシアやインドネシアにも足を伸ばし、その過程で進化について深く考察するようになりました。そして、ダーウィンと同時期に独自に進化論に到達し、その概要を論文にまとめてダーウィンに送りました。有名なテルナテ論文です。

ダーウィンはこの論文を見て慌てふためき、とりあえずウォーレスとの連名で進化論を発表するに至ったのです。

周知のように、進化論が社会に浸透していくにつれ、ダーウィンは猛烈な反発を受けるようになりました。

これは、ヒト世界ではよくある話です。

20世紀初頭に、量子力学における確率の概念が物理学の世界に登場してきたとき、かのアインシュタインですら「神はサイコロを振らない」と言って嫌悪感を示したのでした。

採集人はまだまだほかにもたくさんいます。

台湾の作家、呉明益（ウ・ミン・イ）の小説には、日本とも関係の深い昆虫採集人がしばしば登場します。『雨の島』では、ザウテルオビハナノミやザウテルマメゾウムシなどで知られるドイツ人ハンス・ザウターが登場します。口絵（5ページ）にあるマルグンバイの種小名は *sauteri* で、これもおそらくザウターに献名されたものでしょう。ザウターは日本統治時代の台湾を中心に、昆虫をはじめ数多くの生物を採集してはヨーロッパへ送り、東アジアの生物相解明に大きな貢献をしました。

また同じ作者の『自転車泥棒』には、埔里（プーリー）で活躍した日本人採集人・朝倉喜代松や、台湾の採集人・余木生（イー・ムウ・シャン）などが登場します。かつて台湾の外貨獲得に大きな役割を果たした昆虫産業や、台湾にいるはずのない台湾産ギフチョウの標本が昆虫図鑑に載った経緯など、興味深い話がたくさん載っています。

また、昆虫の採集人ではありませんが、神奈川県三崎に建設された東京大学の三崎臨海実験所において、研究対象となる海産生物の採集には採集人・青木熊吉が大活躍し、彼なくして研究は成り立たないとまでいわれたほどでした。

採集人が増えると同時に、博物学者の数もどんどん増えていきました。

かの大富豪ロスチャイルド家出身のチャールズ・ロスチャイルドも、そうした博物学者のひとりです。彼はノミの研究者として知られています。

自身でノミを採集する傍ら、チャールズは世界各地に採集人を送り込んではノミを集めまくりました。彼の集めたコレクションは、その娘ミリアムに引き継がれ、今日もなお、世界で最も重要なノミのコレクションとして知られています。

彼のお兄さんのウォルター・ロスチャイルドも、鳥をはじめとした膨大な数の動物標本を収集し、イングランドにつくったウォルター・ロスチャイルド動物学博物館には現在もなお、大量の標本が保管されています。

貝類についても、日本産貝類の解明に大きな役割を果たした博物学者・平瀬与一郎がいます。彼自身は健康に問題を抱えていましたが、日本中に採集人を派遣することで、今日の日本の貝学の基礎を築きました。

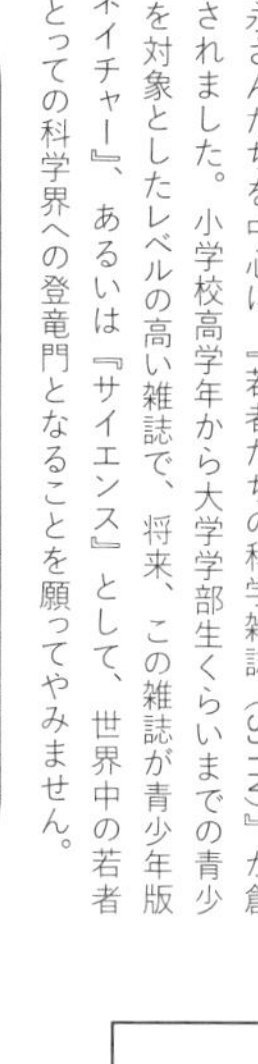

安永智秀さん（ネパールにて）。カメムシ学の世界的権威として知られ、同時にまた、国内外で数多くのすぐれた若手研究者を育て上げてきた、希有な教育者でもあります。2023年1月、安永さんたちを中心に、『若者たちの科学雑誌（SJYN）』が創刊されました。小学校高学年から大学学部生くらいまでの青少年を対象としたレベルの高い雑誌で、将来、この雑誌が青少年版『ネイチャー』、あるいは『サイエンス』として、世界中の若者にとっての科学界への登竜門となることを願ってやみません。

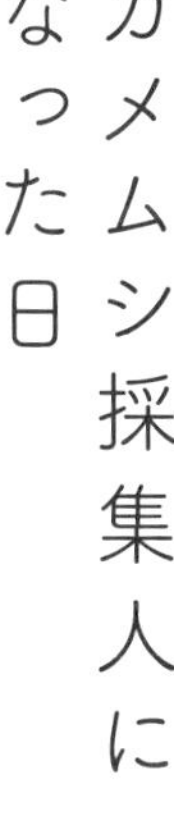

カメムシ採集人になった日

カメムシ採集人という職業があるわけではありません。

ただ単に、安永智秀さんがわたしのことを「カメムシ採集人」と呼んだのが、そのまま定着してしまっただけのことです。

安永さんは、21世紀の南方熊楠ともいわれる天才分類学者です。カメムシの分類だけでなく、あらゆる方面に通じているその

わたしがパラオに住んでいたころ、高井幹夫さんがカメムシの写真を撮りに見えました。ネイチャーフォトはもとより、渓流の女王アマゴの釣り師として『新日本風土記』に登場したこともあります。
高井さんの肩に乗っているのは、この前日にわが家の一員になった猫のミューンです。

様を見ていると、まさに熊楠本人が生き返ったのではないかとすら思えてきます。

＊

始まりは、わたしが石垣島に住んでいたときのことです。

勤務先の農業試験場に高井幹夫さんが見えました。四国に住む有名な昆虫学者です。濃紺の野球帽をかぶり、やさしい目の下には立派なあごヒゲを生やしています。

わたしも一時期ちょぼちょぼの口ヒゲを生やしていたことがありますが、あるとき旅先で入った食堂の店主に「あんた、そのヒゲはやめな」、そう言われて諦めた経緯があります。だからヒゲの濃い人を見ると、いまでもうらやましくてしかたがないのです。

高井さんは、新しいカメムシ図鑑に使う写真を撮りに、石垣島にやってきたのでした。

カメムシ図鑑作成には何人かの研究者が関わっていて、安永さん同様、高井さんはそのキーパーソンのひとりでした。

わたしの専門は害虫防除だったので、カメムシを知らないわけではありませんでした。ただ、それまで仕事でカメムシを扱ったことは一度もなく、はっきり言ってカメムシなんてどうでもいい虫でした。

同室の研究者が高井さんと交わすカメムシの話を、あくびをかみ殺しながら聞いていましたが、そのうちあまりの退屈さに負けて、わたしはつい言ってしまいました。

「カメムシ見つけたら送りましょうか?」

いかにカメムシ研究者といえど、そうしょっちゅう南西諸島までカメムシを探しに来れるわけではありません。その一方で、南西諸島には未知のカメムシがうようよしています。そこで、恐れ多くもこのわたくしが、それらのカメムシを採って進ぜようというのです。

本業が害虫防除なので、昆虫のサンプリングや飼育は仕事の一環でしたし、すでに各地の研究者から八重山のさまざまな生き物の採集を頼まれていて、そこそこの経験はありました。

でも、カメムシを採集したことなんか、それまで一度もありませんでした。

高井さんはそのとき初めて、わたしというヒト個体が同じ部屋にいることに気がついたようです。

「おお、そうか。ほな、頼もうかな。」

高井さんはわたしの顔を穴のあくほど見てから言いました。よほど信頼できない顔に見えたに違いありません。

こうして1997年の春、わたしは40歳にして突如、カメムシ採集人となりました。

カメムシ採集人とはいえ、最初のうちは、「やっぱりめんどくさいなあ。カメムシを送るなんて言わなければよかったなあ」などと思いながら、仕事や釣りの合間に見つけたカメムシを高井さんへ送るだけのことでした。

それが「これは日本からは記録のない種類だ!」「これは新種かもしれん!」などという電話がひっきりなしにかかってくるようになると、そのうちカメムシ採集だけを目的に、あちこちの島々を渡り歩くようになりました。

おだてられれば、ヤエヤマヤシのてっぺんにだって登ります。

カメムシ採集に費やしたお金はかなりのものとなり、それだけのお金があれば、もしかすると本州の山奥に、わたし好みの古い廃屋が一軒買えたかもしれません。

それでもいま思い返せば、家なんか買うより、はるかにすばらしい体験ができたと思っています。

その後、植物につくカビの採集人にもなりましたが、カメムシ探し同様に、やはり得がたい経験でした。

＊

わたしはたしかに、たくさんのカメムシを採集しました。新種や日本新記録種もたくさん採集しました。すでに知られているものの、めったに見つからない種もたくさん採集しました。そして、それらの多くがカメムシ図鑑の作成に使われました。けれど、それは決して、わたしが昆虫採集に長けていたからではありません。たまたまわたしが、石垣島という、野外研究者なら誰もがうらやむような場所に住んでいたからにすぎません。

なおかつ、わざわざ八重山にまでやってくるカメムシコレクターなど、当時は皆無に近かったからです。

だからこそ、わたしの採集品には、誰も見たことのないものが多かったのです。

そしてまた、わたしが石垣島に滞在していた時期が、カメムシ図鑑作成の時期とちょうど重なったことも幸いしました。

わたしより虫採りのうまいヒトは星の数ほどいます。もしそういうヒトたちが当時の南西諸島に住んでいたなら、きっともっともっとすばらしいカメムシ図鑑ができあがっていたに違いない、いまもそう思うことがあるのです。

カメムシってどんな虫？

カメムシと聞くと、まるで挨拶みたいに誰もが顔をしかめます。

「あの臭い虫ね！」

さよならを言うみたいに、みんな決まってそう言うのです。

わたしは慌てて声を大きくします。

「ちょっと待ってください！」

どんな生物であれ、生き残って子孫を残すために、おのれを守る戦略をもっています。

細菌は、短時間で体の性質をどんどん変えるなどして生き延びてきました。

植物は動けません。そこで、捕食者にその一部分を食われても生き延びられるような体になるとともに、トゲをつくったり、アルカロイドなどの毒をつくったりして、食べられること自体もできるだけ防いできました。

例えば、ジャガイモの原種は毒を多く含んでいて食べられませんが、その毒を育種の過程で減らして、ようやく今日の食べられるジャガイモができあがったのです。

一方、動くことのできる動物は、逃げ足を早くしたり、あるいは、するどい牙をもつなどして敵を撃退してきました。

ヒトもまた、脳みそを使って、あれこれ悪知恵を働かせて生き延びてきたのです（ちなみに大半の生物は脳をもっておらず、したがって意識というものも、もってはいません）。

カメムシは臭腺という器官を備えていて、そこから臭いにおいを出し、外敵から身を守ります。ヒトの悪知恵に比べたらかわいいものです。

ただ、カメムシを狭いビンに入れて閉じ込めておくと、自分で出したにおいにやられて死んでしまうことがあります。ヒトが自分のおならのにおいで死んだということはありませんから、恐るべき威力ではあります。

ですから、「カメムシってどんな虫？」と聞かれたときは、堂々と「あの臭い虫！」のひと言で済ませてしまうこともできます。

でも、臭い虫はカメムシだけではありません。

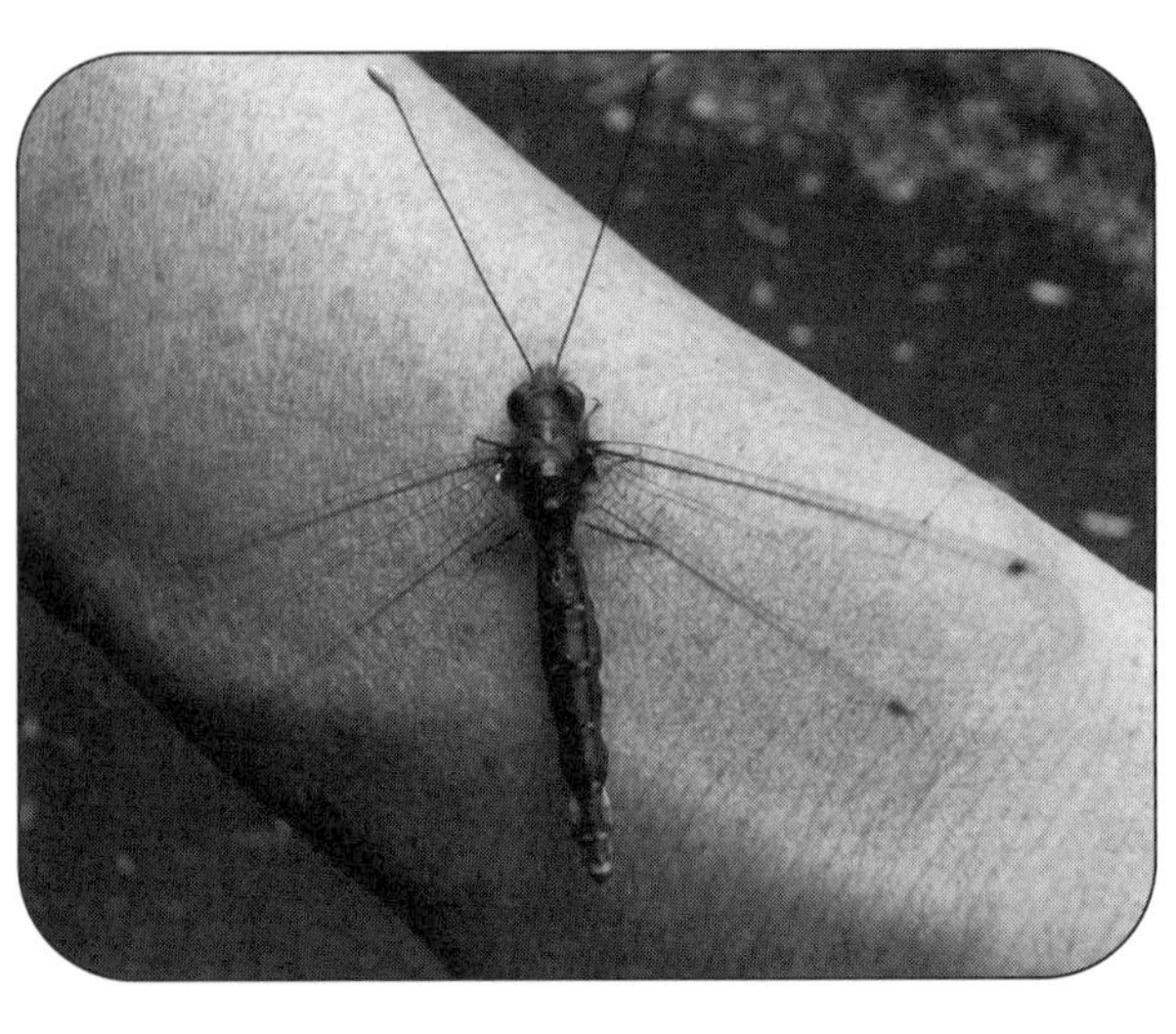

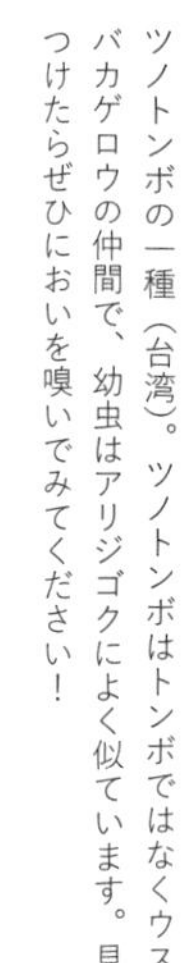

ツノトンボの一種（台湾）。ツノトンボはトンボではなくウスバカゲロウの仲間で、幼虫はアリジゴクによく似ています。見つけたらぜひにおいを嗅いでみてください！

わたしはツノトンボこそ臭い虫の代表だと思っています。トンボという名前はついていますが、トンボとはまったく別のグループに属していて、トンボにはない長い触覚をもっています。

ツノトンボはなんとも形容しがたい、体全体がねじくれてしまいそうなにおいを出します。カメムシはときに食用ともなりますが、ツノトンボが食用になったという話は聞いたことがありません。

さて、カメムシの出す臭いにおいは、敵を追い払うためだけのものではありません。それはある濃度では異性を引き寄せる「わたしはここにいますよ」という呼びかけになり、ある濃度では「みんな集まれ！」という集団形成のお誘いになります。そしてまたある濃度では「みんな注意しろ！」という合図にもなります。

つまりカメムシはみずからのにおいを、同種個体間でさまざまなメッセージを伝えあうフェロモン（同種個体間に作用する生化学的信号物質）としても使えば、外敵に逃避行動を起こさせるアロモン（異なる種に作用する生化学的信号物質）としても使います。

生物のつくり出す物質にせよ形態にせよ、最初はひとつの機能しかもたなかったのに、やがてそれが拡張されて別の機能をもつようになることはしょっちゅうあります。生物は使い回しが得意で、たえず手もちのものをいじくり回しては、新しい使い道を考え出すのです。

保温のために獲得した恐竜の羽が、やがて空を飛ぶための道具へと変化していったのは有名な話です。いまそこらへんを飛んでいる鳥は、どれも小さな恐竜です。

さて、大方の日本人にとってはただの臭い虫ですが、カメムシを食べる文化は世界中にあります。

アジアに限っても、中国、タイ、インドネシア、ラオス、ミャンマーをはじめ、多くの国で食用にされています。なぜ日本ではカメムシ食が広く普及しなかったのか不思議なくらいです（タガメなどの水生カメムシは、一部の地域で食用となってきました）。

そもそもいまはやりのコリアンダーはごく一般的なカメムシのにおいですし、日本人だって子どものころからカメムシを食べつけていれば、いまごろは「カメムシが入ってない和食なんて！」みたいなことを言っていたかもしれません。

カメムシのにおいについてはこのぐらいにして、次に形態の話に移りましょう。

チョウやカブトムシの場合、幼虫は成虫とは似ても似つかないイモムシ型をしています。そして、幼虫と成虫はぜんぜん違うものを食べます。

モンシロチョウなら、幼虫はキャベツなどの葉っぱを食べ、成虫は花の蜜を吸います。カブトムシの幼虫は腐植土を食べ、成虫はコナラなどの甘い樹液を吸います。そして、どちらも幼虫と成虫の間に蛹という段階があります。

では、カメムシはどうでしょう。誰かカメムシの幼虫を見たことはあるでしょうか？ちょっと平べったいイモムシのような幼虫です。そして、カメムシの蛹を見たことは？あの、まるでソラマメのような緑色の蛹です。

もちろんいまのは冗談で、カメムシは幼虫も成虫も、ごくごく似たような形をしています。

そして、蛹という段階をもってはいません。おまけに、成虫も幼虫も同じものを食べます。その点で、チョウやカブトムシなんかとはずいぶん違います。同じ昆虫なのに、驚くほど違います。

マルカメムシ *Megacopta punctatissima*（マルカメムシ科）。体長約5ミリ。高井幹夫氏撮影。本州から屋久島、海外では朝鮮半島に分布していますが、近年アメリカにも侵入しました。秋口に洗濯物などについて困らせます。知らずにすりつぶしたりすると、体液がついた部分がヒリヒリと痛みます。あるとき、ソバの中に混じっていたのを知らないで、ポリッとかじってしまったことがあります。「おや？　いまのは何？」と思った瞬間、あのカメムシ臭が口の中にじょわーっと広がっていったのでした。

チョウやカブトムシが行なう変態（完全変態）は、カメムシなどが行なう変態（不完全変態）よりも、のちの時代になって誕生しました。同じ昆虫であっても、そのありさまは時代とともに変化（進化）し、いまもなおリアルタイムで変化しつつあります。

餌の採り方はどうでしょう。

カマキリやバッタなどは、カメムシと同じ不完全変態を行なう仲間です。

彼らは、生きた虫や草などをムシャムシャと食べます。

一方、カメムシは噛む代わりに吸います。細い針金のような口で動物や植物の皮膚を突き刺し、消化酵素を注入してから、汁や体液をチュウチュウと吸い込むのです。

カメムシの仲間には、洗濯物について困

クサギカメムシ *Halyomorpha halys*（カメムシ科）。体長約15ミリ。ほぼ日本全土に分布する普通種で、越冬のために、屋内にも侵入してくる迷惑なカメムシの代表です。近年、アメリカへも侵入しました。高井幹夫氏撮影。

らせるマルカメムシや、家の中にまで入り込むクサギカメムシ、さらにはアメンボやセミ（「セミの蛹」とよくいわれますが、あれは蛹ではなく幼虫です）、カイガラムシ、アブラムシ、ウンカ、ヨコバイなどが含まれます。

これらのうち、わたしが図鑑作成のために採集したのは、マルカメムシやクサギカメムシなどの、専門的にいえば、カメムシ亜目のうちの陸生種です。

カメムシ亜目は異翅亜目と呼ばれることもあり、一般の人がカメムシと聞いてまず思い浮かべるのはこの仲間です。

もしもここまで読んで、カメムシの構造や生理、生態などをもっとくわしく知りたいと思ったら、昆虫学の専門書にあたって

『カメムシ博士入門』（全国農村教育協会）。豪華執筆陣による、カメムシのみならず昆虫全般へのかっこうの入門書です。安永さんそっくりのキャラクターも登場します。

みることをお勧めします。

なかでも『カメムシ博士入門』（全国農村教育協会）は、写真が多用され、かなり専門的なことにも踏み込んだ、画期的なカメムシ学入門書です。カメムシのみならず、昆虫一般に興味のある人にもお勧めです。

カメムシの専門家の数はいまだにわずかです。チョウや甲虫、魚、ヒトなんかの専門家に比べたら、うんと少ないといっていいでしょう。だから、あなたがこれからカメムシの専門家になれば、いつの日か世紀の大発見に遭遇することになるかもしれません。

シロヒラタカメムシ *Nesoproxius* sp.（ヒラタカメムシ科）。体長約4ミリ。分布は石垣島。普段は地面に落ちた枯れ枝などの下面についています。高井幹夫氏撮影。
自分よりはるかに小さいものや、はるかに大きいものは、普段、ヒトの視野には入ってきません。でも、この地球、そして宇宙の大半は、ヒトよりもっと小さなものと、もっと大きなものでできています。

図鑑について

目の前にいる生き物がいかなる名前をもち、いかなるグループの一員であるかを知るには、図鑑の存在が欠かせません。

そして図鑑は、目の前にいる虫の名前や所属を知るためだけに使われるわけではありません。それは普通の地図だって同じことです。地図は調べ物に使うだけでなく、同時に読むものでもあります。

地図を見て、行ったことのない風景を想像し、あっという間に1時間も2時間も経ってしまった経験のある人も多いことでしょう。

昆虫を集めるコレクターにとっても、図

全国農村教育協会からシリーズで出されているカメムシ図鑑。2022年現在、第4巻が出版準備中です。

このシリーズでは、日本産のほとんどの種を生きた状態で撮影しています。そのため、カメムシの標本によく見られるような色あせもなく、きわめて鮮明な写真が掲載されています。世界的に見ても類のない希有な専門図鑑です。一部の種については幼虫や卵の写真も載っています。

同じ全国農村教育協会から出されている「校庭シリーズ」のひとつ。図鑑は必ずしも分類群ごとに出版されるわけではなく、ある特定の目的のために、複数の分類群を同時に取り上げることもあります。

鑑はまず読むものです。

枕元に置いて毎日眺めあかし、あれこれ想像しながらボロボロになるまで図や解説を読みつづけます。同じ図鑑を何百回も読み返すのです。

そして、図鑑のなかの解説に「珍しい」などという言葉が書いてあると、彼らの脳内にある「この虫が欲しいスイッチ」がバチッと入るのです。

地図の種類はさまざまです。国土地理院でつくられている地形図のようなものもあれば、道路地図や商店街の地図のような、用途別の地図もあります。

同様に昆虫図鑑にも、一般的な分類図鑑のほかに、害虫図鑑やきれいな虫の図鑑など、いろいろな種類の図鑑があります。

昆虫図鑑に載っているのは、たいていが成虫です。卵や幼虫の図鑑もあることはありますがごく少数で、コレクターが収集の対象とするのもほぼ成虫だけです。幼虫や卵をコレクションの対象としているコレクターもいるのかもしれませんが、わたしはまだ出会ったことがありません（写真家や画家のなかには卵や幼虫をターゲットにする人もいます）。

＊

もちろん、ときにはコレクターが卵や幼虫を集めることもあります。でもそれは、卵や幼虫を飼育して成虫を得るためであって、干からびた卵や幼虫を標本箱に並べて眺めるためではありません。コレクターは何よりも成虫を好みます。しかも、脚や翅の一部がもげたりなどしていない、完璧で大きい成虫の標本を好みます。

多くのヒトは無意識のうちに、成虫を虫の「完成型」と考えています。卵や幼虫は、成虫へ至るための一時的な姿であると思っています。一方で、成虫を卵へ至る一時的な姿であるなどとは考えていません。

しかし、生命の主体であるＤＮＡの視点から見れば、卵も幼虫も成虫も、どれもまったく同じ完成型です。

カメムシの卵と幼虫に特化した珍しい図鑑（養賢堂）。カメムシの仲間には農業害虫も多く、農業の現場ではこうした図鑑がとても役に立ちます。

卵は時に、成虫が乗り越えられないような過酷な環境を乗り越えることができますし、幼虫は幼虫で、ともかくも食べることで体を大きくし、次世代を産む養分を貯えることに専念します。そして、成虫は繁殖に特化しています。

本来、どのステージにもDNA存続のための役割分担があり、その役割を完璧にこなす完成型であることを忘れてはなりません。

＊

エッセイストの鈴木海花さんが、著書『毎日が楽しくなる「虫目」のススメ』のなかで、カメムシ図鑑の作成について書かれています。

そこには採集人のわたし、写真担当の高井幹夫さん、解説（分類）担当の石川忠さんの3人が登場します。軽妙な文章と素敵な写真で、とてもわかりやすい解説となってい

オオハナダカカスミカメ。*Fingulus takahashii*（カスミカメムシ科）。体長約5ミリ。沖縄本島、宮古島、石垣島に分布。捕食性。灯火にも飛来します。高井幹夫氏撮影。

ます。

石垣島在島時にわたしが関わっていたのは、全国農村教育協会から出版されているカメムシ図鑑シリーズでした。関わっていたといっても、別に雇われていたわけではなく、完全なボランティアです。

費用は1円も出ていません。報酬はできあがった図鑑1冊です。

昆虫は種類が多く、必要なすべての虫を図鑑執筆者だけで採集するのは、最初から不可能です。とくに、全国農村教育協会のカメムシ図鑑の場合は特殊事情がありました。

長い間、専門的な昆虫図鑑に使う写真といえば、決まって乾燥標本を撮影したものでした。チョウやガ、トンボ、ハチなどの図鑑では、展翅板を使って展翅（翅を広げて固定すること）した乾燥標本を使い、また、甲虫の場合も展翅はしないまでも、きれいに展足した乾燥標本を用いてきました。

カメムシも同様です。

けれども、カメムシには大きな欠点があります。きれいな色彩のカメムシほど、死んだ乾燥標本にすると、見る影もなく色あせてしまうのです。そこで、普通はやらないことをやることになりました。生きた状態の写真を載せようというのです（最近は、カメムシ図鑑同様に、生きた状態の写真を使う図鑑が急速に増えてきました）。

標本なら博物館などを回ればなんとか集まりますが、生きた虫となると、北海道の北の端から沖縄の離島までしらみつぶしに回って、写真を撮り直さなくてはなりません。

おまけに、チョウやクワガタムシなどと違い、コレクターの少ないカメムシに関しては、たまたま採れたという程度の情報しかないものがたくさんあります。さらに、当時（1990年代）は、2ミリ程度の虫までクリアに撮影するカメラや技術を誰ももっているわけではありませんでした。

手ごろな価格のデジカメも一般にはまだ発売されておらず、わたし自身、自分で高価なカメラを買うお金もなければ、撮影技術を学ぶ時間もありませんでした。実際に手持ちのフィルムカメラで写真を撮ってみたこともありますが、とても図鑑に使えるような写真は撮れません。

ですから、生きたカメムシを採集したら、それを撮影担当者、つまり四国にいる高井さんまで送る必要がありました。

実際にやってみると、じつに大変な作業です（といっても、分類研究者による記載論文執筆のほうが、はるかに大変ですが）。

でも、ともかくも決まった以上はやろうじゃないかということで、さまざまな地域にちらばっている虫屋とのネットワークが形成されました。

燃える人が続出しました。

誰であれ、自分が必要とされているとなると、やる気が出てくるものです。無報酬であるほど燃えてきます。十分な手当てなど出ていたら、みんなあそこまで頑張ることはなかったのではないかと思います。図鑑の謝辞の項目を見ればわかるように、わたしはこうしたたくさんの協力者のひとりでした。

こういう場合、士気に最も影響するのは「ありがとう」というひと言です。

わたしはカメムシ以外にもいろいろな人に頼まれて、さまざまなグループの生物を採集しては無償で送ってきました。その際、高井さんや安永さんをはじめ何人の方からはいつでも必ず、「ありがとうございます」という丁寧な返事がきました。このたったひと言がとても重要です。

なかには標本を送っても、うんともすんとも返事がない人もいます。無愛想な返事をよこすどころか、欲しい種が採れない場合は「そんなものも採れないのか」と、人を馬鹿にしたようなことを言う人すらいます。それが重なってくるとやがて意欲はガタ落ちし、そのうち「誰が送ってなどやるものか」ということになります。

八重山に採集に来た人の案内も、数え切れないほどしました。採集対象は昆虫のみならず、海の海藻から陸生植物、そしてヤシガニに至るまで多岐にわたっていました。

ほとんどは礼儀正しい方たちばかりでしたが、なかにはわたしのことを無料奉仕の現地案内人とみなして、あごで使う人もいました。

*

さて、当たり前のことですが、よい地図をつくろうとする人たちは、これまでに得られた情報をすべて総合して、最新の、そしてより正確なものをつくろうと努力します。にもかかわらず、地図というものは、できあがったとたんに旧式なものになりはててしまいます。なぜなら、その地図を手に、若者たちはさらに先の未知の領域へと次々に旅立っていくからです。

そして、彼らはその地図にしばしば助けてもらったことなどすっかり忘れて、地図の不完全さや間違いを声高に笑い飛ばすのです。

この地図をつくった人たちは、なんて無知だったのだろうと。

キンカメムシ科の一種(タイ)。石垣島に住んでいたころはフィルムカメラ全盛の時代で、わたしなど撮影技術云々どころか、高価なカメラを買うお金もありませんでした。いまではデジカメが普及し、カメラ音痴のわたしでも、わりと気楽に虫の写真が撮れるようになりました。

図鑑をつくる人たちもまた、いままで得られた情報をすべて総合して最新の、そしてより正確なものをつくりたいと努力します。にもかかわらず、地図同様、図鑑もできたとたんに旧式なものになりはてていきます。なぜならその図鑑を手に、若者たちはさらにその先の未知の領域へと次々に旅立っていくからです。

そして、彼らはその図鑑にしばしば助けてもらったことなどすっかり忘れて、図鑑の不完全さや間違いをひそかに笑ったりするのです。

この図鑑をつくった人たちは、なんて無知な連中だったのだろうかと。海に魔物がうようよしているとまともに信じられていた時代に、未知の海域へ乗り出すことが、どれほど勇気を必要としたか。あるいはまた、何の情報もなかった時代に、未知の虫を手探りで探し出していくことが、どれほど困難に満ちたことであったか、彼らには想像もできません。たとえどれほど笑い者になろうとも構いません。

わたしが石垣島に住んでいたころ、島々に住むカメムシについてくわしいことはほとんどわかっておらず、神話ばかりが横行していました。

そんな時代に南西諸島でカメムシを探すことができた幸運を、わたしはいまも感謝せずにはいられないのです。

カメムシを採って送る

採ったカメムシは、四国に住む高井さんまで送らなくてはなりません。乾燥した昆虫標本ですら、送るとなるとあれこれ気を遣うのに、わたしが送ろうとするのは生きた虫です。せっかく新種を見つけても、送る途中で死んでしまっては元も子もありません。文字通り細心の注意が必要です。

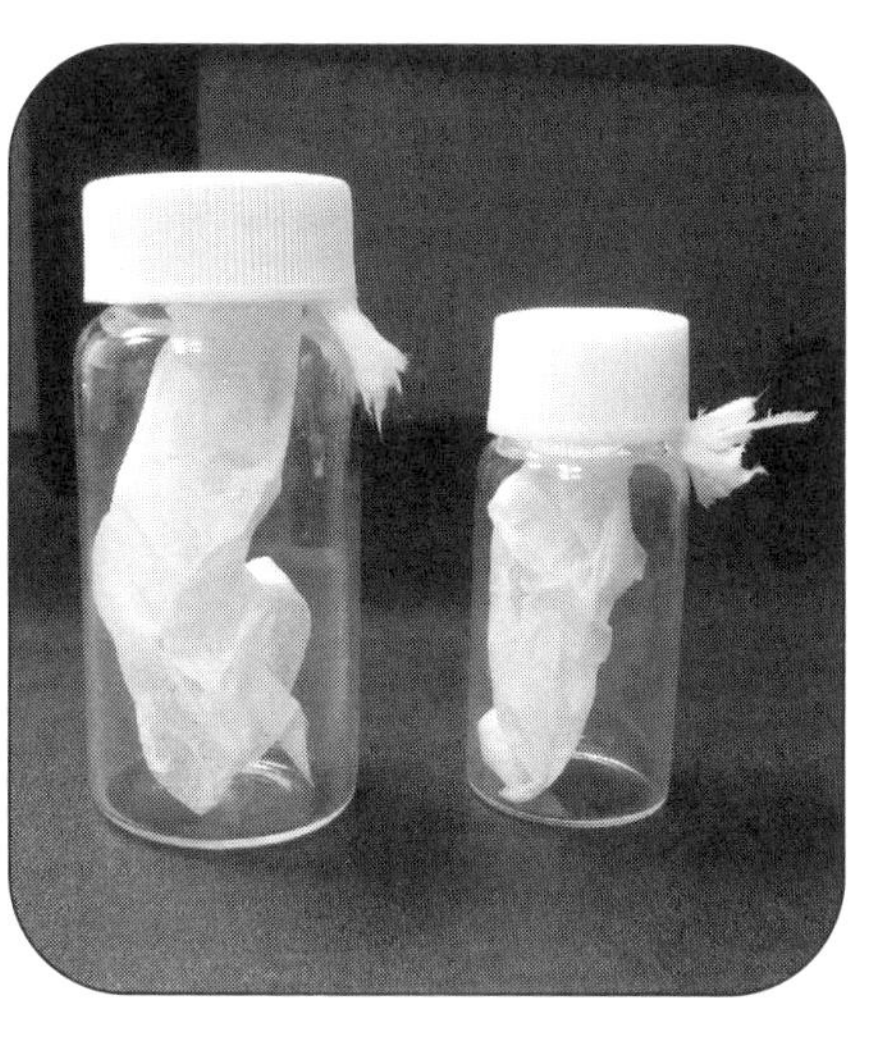

カメムシを生かしたまま送付するために使ったガラス管。ティッシュには水を含ませてあります。カメムシをこのガラス管に無事に収容できたら、管を緩衝材などで包み、四国の高井さんへ送ります。

西表島の道もない山の中で、図鑑に載っていないカメムシを見つけるのはしょっちゅうのことですが、それが、ちょっと触っただけで壊れそうなカスミカメだと、「またカスミカメかよ!」とため息が出てきます。

おまけに、左手に持った叩き網の上にちょこんと乗っかっているそのカスミカメは、「ちょっとでも変な動きをしたら、すぐに飛んで逃げますからね」という顔でわたしを見上げています。

「よしよし、そのままじっとしてて。」

そう言いながら、そっとズボンのポケットの中に手を突っ込み、常時入れてあるガラス製の管ビンに触れます。カメムシの大きさに合わせて2種類持っているので、指先でそのうちのどちらかを選択して取り出し、口を使ってねじ蓋を開けます。

次いでカメムシの顔色をうかがいながら全神経を集中し、上から管ビンをそーっとかぶせます。うまく管ビンの中に収容できたら（できなかったらそこでお終いです）、管ビンから飛び出さないよう慎重に蓋をします。

そして、カメムシの入った管ビンをいったん地面の上に置き、荷物も全部下に下ろします。

昆虫は一般に、暑さにことのほか弱いので、管ビンは荷物の影に置いて、直射日光を避けるようにします。それから、水の入ったペットボトルを開け、その小さ蓋に水を入れます。次いで、ポケットティッシュを一枚引き出し、少しちぎってペットボトルの蓋に入っている水にひたします。

ここまで準備をしたら、再び管ビンをつまみあげてそっと蓋を開け、濡れたティッシュを中に突っ込みます。まるごと入れないように気をつけ、蓋を閉める際に、ティッシュの端をビンと蓋の間に噛ませて固定します。まるごと入れてしまうと、移送中にビンの中で濡れたティッシュが転げ回り、カメムシをつぶしてしまいます。

カメムシは濡れたティッシュにしがみつくので、ティッシュが動かないかぎり、ビン

ヒメコモンキノコカスミカメ *Peritropis takahashii*（カスミカメムシ科）。体長約3ミリ。石垣島特産種。カスミカメの仲間は華奢な体をしていて、乱暴に扱うと、すぐに触角や脚が取れてしまいます。採集人泣かせの虫です。高井幹夫氏撮影。

の中でつぶされることはありません。

最大の問題は、ティッシュにどれくらい水を含ませるかです。少なければ、乾燥してあっという間に死んでしまいますし、多すぎるとティッシュや、濡れたガラスビンの内側に張りついて死んでしまいます。

この水加減の決定が、最も難しい部分です。

サシガメなどタフなグループなら、あまり気を遣わずに済みますが、相手がカスミカメとなると、精神を集中して水分の量を決定しなくてはなりません。

こうしてカメムシを無事に収容できたら、その管ビンを断熱材でくるんで、そっとザックにしまいます。

以上のような作業を、風もなく、頭が沸

騰してきそうな暑さのなか、汗まみれ、泥まみれの体で行なわなくてはなりません。

手足にヒルが這っていようと、気にしてはいられません。

作業中は息を詰めていることが多く、管ビンを無事にザックに収容し終えると、もうふらふらです。

さて、これを本日中に、石垣島の八重山郵便局から四国の高井さん宛に発送しなくてはなりません。

体温よりも熱い空気のなかで、口をパクパクさせながら呼吸を整えると、まずは体に張りついたヒルをはがし、目の前にあるリュウキュウチクの壁のような藪を強引に突破し、次いでテナガエビの潜む淵を越え、ツルアダンのつるをひきちぎり、とぐろを巻くサキシマハブの上を飛び越え、アカショウビンよりも早く斜面を駆け下り、そうして、西表島湾岸道路のわきに置いてある自転車に飛び乗り、時速40キロで上原港を目指します。

だいぶ誇張はあるものの、気分はまさにそんな感じです。

すぐわきの電線の上では、顔見知りのカンムリワシが背中を丸めながらその様子を眺めています。

「毎週毎週、ご苦労なこった。」

港に着き、フェリーがやってくると、前甲板に自転車を載せてから、大切なカメムシ

カンムリワシ。石垣島出身のプロボクサー具志堅用高さんのニックネームがカンムリワシです。電柱や電線の上にとまって、じっと何かを考えている姿をよく見かけます。

の入っているザックを抱え、できるだけ観光客から離れたところにそっと座ります。離れて座るのは、汗まみれの体がめちゃくちゃ臭いからです。

スイギュウの小便をバケツ2、3杯頭からかぶったような臭さで、自分でも臭くてたまりません。近くに観光客が座ると、しかたなく遠くの席へと移動します。

石垣島の離島桟橋に着くと、真っ先に下りて、フェリーから自転車を受け取ります。そして、時計を見ながら730（ナナサンマル）交差点の前を風のように走って、ズアカアオバトよりも早く八重山郵便局の真ん前に舞い降りるのです。

「これ、お願いします。」

そうして、翌日にはちゃんと高知に届いて、着いたという連絡が高井さんから来るのです（遠征費もさることながら、郵送代も結構な額にのぼりました）。

ときには、最終の飛行機に間に合わないこともあります。そのときは、冷暗所に管ビンを置いて翌日まで保管し、朝一の便で四国に送ります。

どんなに努力しても、死んでしまうカメムシはいました。

死んで間もなければ、それなりの格好をさせて、高井さんは写真を撮ってくれました。どうしてもものにならないときは、再度採集することになるのですが、二度と見つけることのできなかった種もたくさんいました。これはと思った種が死んでしまったりすると2、3日は落ち込みましたが、この無念さは採集人の宿命です。

むしろ、さんざん苦労して送った虫が、無視されたり迷惑がられたりするほうがつらいかもしれません。

『世界最悪の旅』で知られるスコット南極探検隊が、極寒の南極大陸で半死半生になりながらコウテイペンギンの卵を求めたのは、当時は原始的と考えられていたコウテイペンギンの胚に、鳥類がは虫類から進化してきた経緯を知る手がかりがあると考えられていたからでした。

スコット隊長を含む5名の死者を出しながらも、探検隊はなんとかイギリスに帰国しました。隊員のひとりで『世界最悪の旅』の著者でもあるチェリー・ガラードは、コウテイペンギンの卵を持ってロンドンの自然史博物館に向かいました。仲間の死を思いながら、万感の思いがあったに違いありません。

博物館職員は彼を玄関先で数時間待たせたあげく、ひと言のお礼もなく、しぶしぶ卵を引き取りました（ニール・シュービン『進化の技法』）。

カメムシ以外の生物を送ったときにも、これに近い哀しみをわたしは何度も経験しました。先にも書いたように、着いたという連絡すら来ないこともしょっちゅうです。もしわたしがプロの採集人で、採集したものをお金と交換していたら、売ったあとのことなど気にもしなかったかもしれません。

でも、わたしは単なるボランティア採集人です。自分のコレクションすらまったく持っていません。採集したものはすべて、採集を頼んできた専門家に無償で送ってしまいます。大変な思いをして採集した標本がどうなるのか、気にならないわけはありません。

これまでじつにたくさんのサンプルを、さまざまな人に送ってきました。でも、カメムシや甲虫の一部を除いて、新種記載にまでこぎ着けたのは、そのうちのごく一部です。なかには永遠に死蔵されるか、あるいは行方不明となってしまうものもあります。

あるときから、ボランティアとしての自分の役割は採集までとして、そこから先は深く考えないことにしました。

あとでも述べるように、いまのわたしにとっては、採集した生物よりも、採集の過程で出会ったヒトやものごとの想い出のほうが、はるかに大切なものとなっています。

カメムシの名前がわからない

わたしがカメムシを採集しはじめた当時、日本のカメムシ図鑑で最も詳しいものといえば、1993年に出版された、全国農村教育協会の『日本原色カメムシ図鑑』でした。掲載種数は353種（現在では、およそ1500種のカメムシが日本に生息していると考えられています）。そこには南西諸島のカメムシも載ってはいましたが、数はさほど多くありませんでした。だからこそ、石垣島に住んでいるわたしが、この図鑑に載っていない種の採集を頼まれたのです。

これは、昆虫採集としてはきわめて異例のことでした。

多くの場合、昆虫採集といえば、図鑑に載っている既知の虫を目的として、採集地や採集方法など、いろいろな情報を集めたうえで採集に赴きます。ところが、わたしが頼まれたのは、それとはまったく違って、居場所も採集方法もわからない、誰も見たことのない新種、日本未記録種、あるいは図鑑に載っていない稀種を採集することでした。

図鑑は採らなくていい種を覚えるために使い、その際、姿形は覚えても、名前まで覚える必要はありませんでした。野外での判断で必要なのは、なによりも姿形であって、名前ではありません。

すると、きわめて倒錯的な状況が生じることに、やがて気がつきました。

カメムシを見て、それが図鑑に載っている種かどうかはすぐにわかりますが、その一方で、カメムシの名前が出てこないのです。どこにでもいる普通種の名前すらです。自分で見つけた新種のカメムシの名前も出てこないのです。

昆虫のコレクターなら、普通種だろうがなんだろうが、どんな虫の名前でもすぐに出てくるのでしょうが、わたしはコレクターではありません。

無給の素人カメムシ採集人です。

沖縄本島や内地からカメムシの研究者がやってきて、カメムシの名前を口にするときなど、ああ、はいはい、などさもわかったふりをしながら、じつはどのカメムシを指しているのかさっぱりわかりません。

それでも、そのころわたしはすでに「カメムシ採集人」ということになっていて、カメムシのことならなんでも知っていると、ほかの人たちは思っていました。

「なるほどなるほど。ええ、もちろん、そうですとも」などと、わからないのにわかっ

ノコギリカメムシ *Megymenum gracilicorne*（ノコギリカメムシ科）。体長約15ミリ。本州、四国、九州、朝鮮半島、台湾、中国などに分布。ウリ科植物につく大型のカメムシで、内地ではごく普通に見られます。奄美大島以南には、近縁のヒロズカメムシが住んでいます。

ギンゲヒサゴカスミカメ *Hypseloecus takahashii*（カスミカメムシ科）。体長約3ミリ。石垣島特産種。図鑑に載っていないカメムシはたとえ小型種でも、ひと目でそれとわかります。高井幹夫氏撮影。

たふりを続けなくてはならないことほど苦しいことはありませんでした。

それはなにも大昔の話ではありません。いまでもカメムシを前にして、その名前が出てこなくて困ることがしばしばあるのです。大相撲の力士の顔はわかるけど、名前が出てこないのとよく似ています。

そしてこれは、カメムシについてだけとは限りません。ほかの虫でも名前が出てこないことなどしょっちゅうです。こんな虫の名前も知らないのかと、多くの人があきれています。

学校教育をいっさい受けずに、海産動物のラテン語の学名を諳(そら)んじたという、伝説の海産動物採集人・青木熊吉翁がこの話を聞いたら、わたしなど、頭のてっぺんから怒鳴られるに違いありません。

新種とはなにか？　そして種とはなにか？

新種発見という記事が新聞にときどき載ります。

まるで世紀の大発見のように載ります。たしかに、大型の哺乳類や鳥類だったら大発見ですが、昆虫では新種発見など日常茶飯事です。

もちろん、大半は分類の遅れているマイナーなグループでのことで、日本に生息するチョウや大型甲虫で新種が見つかることはめったにありません。

２０１７年、新種の昆虫に、当時のアメリカ大統領トランプ氏の名前がつき、話題になったことがあります。

名前がついたのは、メキシコで見つかった小さなガです。こんな小さくて地味なガで新種が見つかっても、普通なら新聞には絶対に載りません。それが話題になったのは、時の人トランプ大統領の名前がつけられたからにすぎません。

カメムシはどうでしょう。

カメムシはよく調べられているほうですが、いまでも新種がときどき見つかります。

では、新種とは何でしょう。

これまで誰も見たことのない種といえば、文字通り新種と言っていいでしょう。人も住まない絶海の孤島の土の中に潜んでいて、調査隊によって初めて地上に掘り出された１ミリ程度の小さな虫なら、たしかに「これまで誰も見たことのなかった種」だと考えてもいいかもしれません。

けれども、どこであれ、わずかでもヒトが住んでいる場所においてなら、これまで誰の目にもまったく触れなかったという虫はほとんどいないでしょう。

大昔、少なくとも1人くらいは腕に止まったのを見ているかもしれませんし、あるいはまた、立ち小便のときに目の前の葉っぱの上に乗っているのを見ていたかもしれません。だから、まったく初めてヒトの目に触れたかどうかを確かめるのは、事実上不可能です。わたしが採集した「新種」だって、これまでたくさんの人が目にしていたことと思います。要するに、本当の意味での新種発見とは、目の前にいるものを新種であると認識することです。

現地のヒトが大昔から見知っていた動物が、「新種発見！」などと騒がれることもしょっちゅうあります。

誰が初めにアメリカ大陸を「発見」したのかも、似たような話です。あるとき、スペインの片田舎にある小さな食堂で夕食をとっていると、たまたまテーブルで一緒になったフランス人が、「アメリカを最初に発見したのは、じつはフランス人なんだ」と言い出し、わたしは食事をするよりも、彼の演説に頷くのに忙しいくらいでした。

そしてなにより、「アメリカが発見された」とき、そこにはもうヒトが住んでいたのです。

コレクターがすでに採集して、標本箱に収めていることもよくあります。新種だと知

バナナの葉の上に止まるベニボシカミキリの仲間（タイ）。
採集された種が新種であるかどうかを分類の研究者が確定するためには、それまで蓄積された膨大な標本と文献を精査する必要があります。採集などよりはるかに大変な作業で、それに要する時間は数か月程度のこともあれば、数十年以上かかることもあります。そしてときには、さまざまな事情により、新種かどうかを確定すべき標本自体が失われてしまうこともあります。

らずに収めている場合もあれば、新種だと承知して秘蔵していることもあります。新種として発表されると、記載に用いられた標本は「タイプ標本」として博物館に巻き上げられてしまうからです。

このように、一度コレクターの手に渡った標本は、たとえ新種でも、永遠に表に出てこないことがあります。これは絵画などでもよくあることで、門外不出になってしまうのです。

博物館の中で新種が見つかることもしょっちゅうです。

どこの博物館も人手不足です。買った標本やもらった標本をろくに見ないまま収蔵庫に収めてしまいます。そしてあるときたまたま、誰かが古い標本箱の中に新種の標本を見つけるのです。

もちろん、見つからないままになってしまう標本もたくさんあるでしょう。

専門家の間では、新種として正式に記載するまでは「未記載種」と呼ぶのが慣例になっています。記載とは「名前をつけて学会誌に新種として発表する」ことです。未記載種なら、誰かが見たことのある新種も、まったく初めて見る新種も、どちらも含めることができます。

*

さてここで、さらに遡って、そもそも種とは何かを考えてみましょう。

一般的に種というものは、きわめて客観的で絶対的なものと考えられています。しかしながら、わたしたちが呼ぶ種というものは、型番のついた機械などではありません。もっともっと複雑怪奇なものです。

種は、意識をもたない「ＤＮＡ（デオキシリボ核酸）」という物質を複製する道具として誕生します。わたしたちは種という道具の外見や機能ばかり見ていますが、生物の主体はあくまでもＤＮＡです。

自らを犠牲にしてまで同種の他個体を救う個体がいるのは、その他個体と自分とが同じDNAを共有しているからです。

ヒトはしばしば、個体を生命の主体であると誤認し、「なんでオレが死ななくちゃいけないんだ」などと嘆きます。でも、生命の主体であるDNAから見れば、自分さえ複製されれば、ひと昔前の複製の道具など、もう用済みです。

種と呼ばれるDNA複製のための道具の中では、DNA自体の構成も、常時少しずつ変化しています。おまけに、そのDNAすべてが四六時中指令を出しているわけではありません。なかにはまったく活動を停止してしまった部分もあれば、環境の変化に伴って、あしたには活動を始める部分もあるでしょう。

これらの日常的な変化こそ、種の進化を生み出す重要なプロセスのひとつです。

数学や物理学の本とは違って、図鑑などはいくら精密につくったところで、地図同様に、ある程度の年月がたてば、まったく役に立たなくなります。いまから一億年もたてば、いまの図鑑に載っている種のほとんどは地上から消え去っていることでしょう。

わたしたちが種として認識しているのは、進化（変化）しつづける生物界の、ある時点での断面でしかありません。

このように常に変化しつづけているということ以外にも、種を考えるうえで大きな問題があります。

例えば、ヒトと呼ばれる生物種の腸内には、体細胞の数を上回るほどの微生物が住み、ヒトをあやつっています。腸内だけでなく、細胞の中には細菌由来のミトコンドリアが常住し、エネルギーをつくり出しています。

またヒトゲノムのなかには、他の生物由来のDNAが多数混入し、その一部はヒトの生存に重要な役割を果たしています。これらなくして、ヒトという生命体は稼働することができません。

つまり、ヒトというのは、わたしたちが考えるような確固たる単体ではなく、さまざまな生命の集合体なのです。体内に住むメンバーの顔ぶれで、ヒトの行動も変わってきます。

さらにつけ加えると、種というDNA複製の道具は、周囲の環境とも常に密接につながっています。というよりもむしろ、環境の一要素です。種を環境から独立したものであると考えると、大きなあやまちを犯します。環境によって、形も性格も変化するのです。

SFの世界では、ヒトは宇宙の果てまで行って、まるで地表にいるのと同じように活躍していますが、実際のところ、地球という惑星の表面で進化したヒトは、地表という環境を離れて生きるようにはできていません。

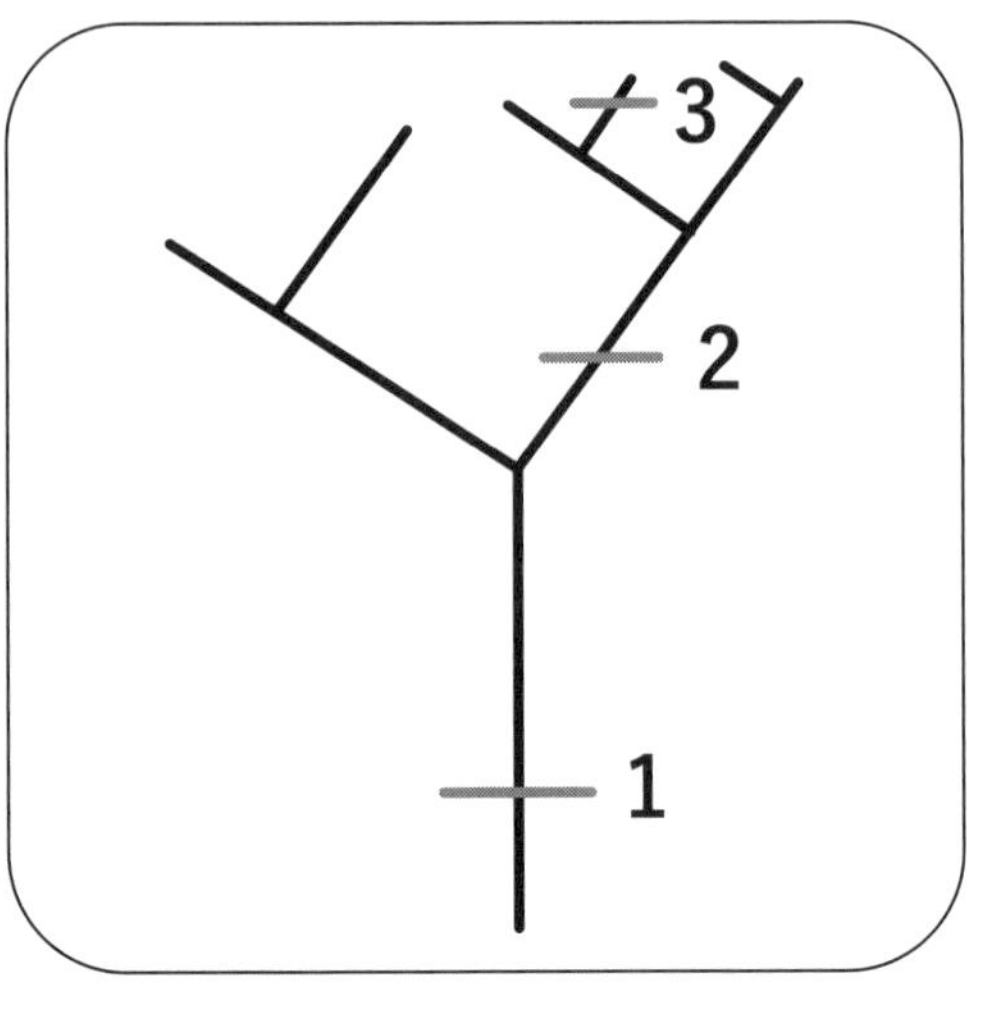

この図は、生物の系統樹の一部を単純化したものです。もし「1」の部分を種が異なる判断水準とすると、「1」の線より上は同種となります。もし「2」の部分を種が異なる判断水準とすると、「2」の線より上が同種となります。同じように「3」の部分を種が異なる判断水準とすると、「3」の線より上に含まれるものだけが同種となります。どこを判断水準とするかについての厳密な基準は、存在していません。

ヒトがいまのヒトのままで火星より先に行くのは不可能だろうと、わたしは思っています。

　のみならず、たとえ地表にあっても、ヒトという種が誕生した何十万年か前の環境を離れてなお長く生き延びられるものでもありません。

　もしも、ヒトが宇宙の彼方まで行きたいと思うなら、あるいはまた、絶えず変化し続ける環境のなかでも末永く生き延びたいと思うなら、ヒトは従来のヒトでありつづけようとすることを止め、細菌のようなものに進化する必要があります。その際、外部形態だけでなく、心のありさまも大きく変わっていくでしょう。

　いまわたしたちが誇る美的感覚や道徳な

ども、見る影もなく別のものに置き換わっていくに違いありません。

こうして見てくると、種という概念は、あまり細かく定義していくとわけがわからなくなってしまうような、そんなアバウトで暫定的なものでしかないことがわかります。もし生命を確固たる基準に基づいて分類したいなら、その対象はせいぜいＤＮＡまでです。

見方次第では、わたしたちがいま別種だとしているものも、あるレベルでは同種であり、いまわたしたちが同種であるとしているものも、あるレベルでは別種です。

例えば、現在地球上に繁栄している多数の種は、もとをたどればコモノートと呼ばれる共通の祖先から進化してきたものです。つまり細菌も古細菌も真核生物も、コモノートという種のさまざまな変奏に過ぎず、コモノートというひとつの種に属していると考えることもできるのです（廣瀬敬『地球の中身』）。

ヒトと呼ばれる生命体にとって、種という概念はさまざまな点で有用ではあります。しかし、どんなに科学的と称される判断基準を導入しても、最終的には、分類を行なう側（ヒト）の知識と経験と都合とにもとづいて決定される、主観的なものでしかありません。

種という概念に関しては、それに厳密な定義を与えるよりも、適当になれ合っていく程度でちょうどいいとわたしは考えています。

「ま、これとこれは、ひとまず別種ってことでいいんじゃない？」

実際、ヒトの都合で恣意的に別種として認められてしまう場合もあります。別種とすることが一部のヒトに利益をもたらすなら、国家の承認同様に、目の前にあるものを別種として認定してしまうのです。

種のさらに下の区分に亜種があります。カメムシには亜種はほとんどありませんが、コレクターの多い人気グループ、例えばチョウやクワガタムシなどでは、たくさんの亜種が記載されています。

カメムシには亜種など認められないというわけではなく、人気のあるグループでは、亜種をたくさん設定したほうが、コレクターにとっては集め甲斐があるのです。

こんなことを言うとすぐに、「じゃあお前は、イヌとネコは同じ種だっていうのか！」というような話を持ち出されて怒られます。そして「オスとメスが交配して子ができて、その子どもが繁殖能力をもつ場合、同種というのだよ」などとやさしく諭されます。しかし、そんな話は無性生殖を行なう生物には通用しません。

「無性生殖の場合はまた定義が別でね」などと言われそうですが、結局は恣意的な定義の問題に帰着してしまいます。

宇宙人から見れば、イヌとネコはＤＮＡの近縁さから見て（近縁かどうかはもちろん主観的な判断ですが）、十分に同じ種類と考えてもよいのかもしれません。

ムナグロコガシラダルマカメムシ *Myiomma takahashii*（カスミカメムシ科）。体長約2ミリ。分布は石垣島。上はオス、下はメス。高井幹夫氏撮影。
種が異なるといわれても、どこが違うのかと思うほどよく似た種もいれば、オスとメスで、色彩や形態が大きく異なり、そのため、雌雄が別種として記載されることもしばしばあります。そしてまたヒトを含めて、オスとメスでは、外見だけでなく、生き方、つまりは、繁殖するための戦略が大きく異なっています。

ミヤコキンカメムシ *Lampromicra miyakona*（キンカメムシ科）体長約11ミリ。沖縄諸島、先島諸島に分布。高井幹夫氏撮影。生命の主体は個体や種ではなく、あくまでもDNAという、意識をもたない物質です。その物質がたまたまつくり出した自己複製の機能を、わたしたちは生命と呼びます。生命はやがて、光合成能力や翼、えら、脳などのさまざまな戦略的機能を発達させました。脳をもつことが、とりわけ生物としてすぐれているわけではありません。脳をもたずとも、あるいは脳をもたないがゆえに繁栄している生物も、たくさんいます。

また、ヒトの視野に入ってくるのは通常、多細胞生物ばかりですが、DNAの水平伝搬（異なる個体間や種間でDNAが移動する現象）がより頻繁に起こる細菌では、種という概念は、さらにぼんやりとしたあいまいなものになっていきます。

種を定義することは、善と悪を定義することにも似ています。

将来、ヒトが置かれた状況に伴って種の概念がどう変化していくのか、誰も予想することはできません。まったく別の分類体系に取って代わられ、本当にイヌもネコも同じ種として認知される日がくる可能性だって否定できないでしょう。

種とは結局のところ、わたしたちヒトが、「種であると認識している」ものにすぎま

タマヤスデの一種（タイ）。

「種」はいずれも、DNA存続のために生み出された一時的な道具であり、永遠不変のものではありません。そのときどきの状況に応じてつくり変えられ、使い捨てられていくものにすぎません。いまから1億年後には、いまある種の大半は滅び、たまたま生き残ったごく一部の種から驚くような種が進化し、繁栄していることでしょう。DNA存続の道具である種のありさまは、無限にあるといってもよく、そのどれかひとつが正解というわけでは決してありません。

セグロベニモンツノカメムシ *Elasmostethus interstinctus*（ツノカメムシ科）。体長約12ミリ。分布は北海道、朝鮮半島、中国など。高井幹夫氏撮影。

ヒトは、外見の「違い」に過剰なまでに敏感です。普段とは違うものを感知することで危険を回避し、生き延びてきたからです。でも、「同じ」部分に注目することも重要です。例えば細胞の構造や生理機能など基本的な点で、生物はさまざまな共通点ももっています。

クロマキバサシガメ *Himacerus dauricus* 体長約10ミリ。分布は北海道、本州、九州、中国北部、モンゴル、ロシア、ヨーロッパなど。山地の日当たりのよい草原などに見られます。高井幹夫氏撮影。
生物の主体はDNAですが、DNA存続の道具として生まれた「個体」が生き残り、繁殖するかどうかには環境も大きく影響します。つまり「生まれ」と「育ち」の両方が重要ということです。

クロホシカメムシ *Phyrrhocoris sinuaticollis*（ホシカメムシ科）。体長約 9 ミリ。
分布：本州、九州、朝鮮半島、ロシア極東部、中国。
地表性のカメムシで、枯れ草の下などによく見られます。
たいていの昆虫は、交尾器を見て形が違えば交尾不可能という前提で別種としています。でも、どの程度違えば交尾不可能とみるかは主観的な判断でしかなく、本当に交尾不可能なのか、あるいは、交尾して子どもができた場合、その子どもが繁殖可能なのかどうかまで実際にチェックすることはほとんどありません。

せん。

確固たる種というものが存在する、という前提から始めてしまうと、種をめぐる議論は神の存在証明のようなものになっていきます。

2

カメムシの採集方法

魚を捕る方法にはさまざまなものがあります。釣り針で釣ったり、網で囲んだり、銛(もり)で突いたり。捕り方によって、あるいは捕るヒトによって、捕れる魚の種類も異なってきます。

昆虫採集の場合も、採集にはいろいろな方法があります。そして魚捕りの場合と同様に、採集方法や採るヒトが違えば、採れる虫も異なってきます。

ここでは、わたしの好きな採集方法と、採集にあたっての注意点についてお話ししますが、そもそも虫の採り方なんか星の数ほどあります。

釣りだって、細かい仕掛けの違いまで考えれば、それこそ釣り人の数だけ異なった釣り方があります。あれこれ試してみて、そのなかから自分に合った方法を見つけていくしかありません。

どのような方法であれ、大切なのは繰り返すことです。

そうしているうちにやがて、楽器や絵筆をあやつるときのように、たとえ同じ道具を使っていても、そこから生み出されるものは、ヒトそれぞれ独自のものとなっていきます。

目

当たり前だと言われるかもしれませんが、採集の基本は目です。

タイでのこと、炎天下での採集を続けていたら、そのうち頭がもうろうとしてきて、視界に入るものは叩き網（後述）の白布だけになってきました。

白布を藪に差し込んでバンと枝を叩き、またバンと枝を叩いて白布を見ます。さらにバンと枝を叩いて白布を見る。その繰り返しです。

そんな様子を不安そうに見ていた、わたしの虫採りの師匠ソンブンさんが言いました。

「タカハシ！　目だ！　まずは目で探せ！」

わたしはそのとき、ダマスコへ向かう途中で盲目となったパウロが再び視界を取り戻したときのように、目を覆っていた垢が一瞬でばさっと音を立てて地面に落ちるのを聞きました。

そうだ！　基本は目なのだ！　まずは目を使わなくてはいけないのだ！

顔を上げると、たちまちのうちに周囲の風景が見えてきました。

以来、わたしは叩き網の白布ばかり見ている自分に気がつくたびに、「目だ！　まず

アカスジオオカスミカメ *Gigantomiris jupiter*（カスミカメムシ科）。体長約14ミリ。分布は本州、四国、九州、朝鮮半島、ロシア沿海州。高井幹夫氏撮影。大型のカスミカメで、ときには別種に見えるほど、色彩の変異が大きい種です。

コノハムシの一種のメス（タイ）。採集に疲れ、肩を回して体をほぐしてからふと見ると、大きな葉っぱの上にコノハムシがとまっていました。すぐ目の前にいたのに、叩き網の白布ばかり見ていたので、まったく気がつきませんでした。有名な虫ですが、メス成虫には滅多にお目にかかれません。メスは平たい形をしていて飛ぶことができません。

コノハムシのオス（タイ）。オスは飛ぶことができ、灯火にも飛来します。コノハムシはナナフシの仲間です。

は目で探せ！」というソンブン師匠の言葉を思い出すのです。

それはなにも疲れているときだけのことではありません。

採集道具に頼れば頼るほど、目的を絞れば絞るほど、視野が狭まり、すぐわきにお宝が転がっていても気がつかなくなってしまいます。

空海も言っています。

「迷うが故に三界は城、悟るが故に十方は空、本来東西無し、何れの処にか南北有らん。」

感性

目とともに重要なのは感性です。当たり前といえば当たり前の話ですが、感性は教科書などでは身につきません。

教科書はコンビニのマニュアルのようなものですし、そもそも自然は本来、言葉でもなく、表でもなく、図でもありません。

ヒトというある特定の生物種が使う言葉だけで自然、あるいは、この世界の事象すべてが理解できるなら、これほど楽なことはないでしょう。

大学などで自然について学ぶ際、まずは日本語で書かれた専門書を読み、その後、外国語で書かれた論文も読むことになります。

もちろん野外実習などもしますが、自然とのつきあい方や自然に関する価値観まで、教室で習ったものをそのまま野外へ持ち込みます。

目の前の現実と教科書の内容とが一致しないときは、おかしいのは現実のほうであると考えるヒトすらいます。

すべては教室で学んだことが基本で、そこから逸脱してはいけません。そして「自然

れるのです。

にやさしい」自分を明るい笑顔とともにアピールするなら、ヒト社会での将来は保証さ

ヒト相手だけなら、それでもいいかもしれません。

でも、教室の中で優等生になっても、ヒト特有の言葉やデータでできあがっている優等生の頭は、野外では通用しません。

情報の海におぼれそうになったときこそ、ファーブルの次の言葉を思い出すべきです。

「書物から得る知識は、生命の問題を扱ううえでは、あまり頼りになるものではない。文献を豊富に揃えた書肆に頼るよりも、事実そのものから、不断の努力によって聞きだすほうがより好ましい。たいていの場合、無知であるのはむしろ素晴らしいことなのだ。」

ひととおり学んで修了書をもらったら、あるいは本を読んでわかったような気になったら、学んだことは一度、全部捨てて、まっさらになって自然のなかに入っていきましょう。

そしてまた、現代の教育は、なにより失敗を嫌います。社会全体が、小さな失敗が大災害を起こしかねない構造になっています。

けれどもヒトは、もともと失敗から学ぶようにできています。

感性を磨くためには、ひとりで野生のなかに入っていき、たくさんの失敗を重ねなくてはなりません。

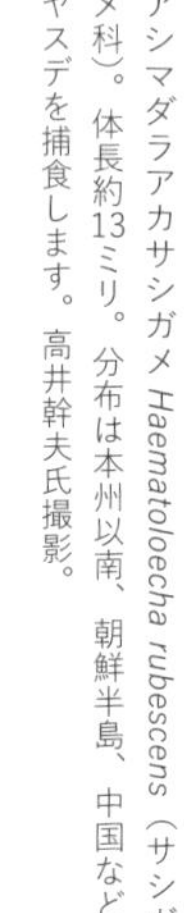
アシマダラアカサシガメ *Haematoloecha rubescens*（サシガメ科）。体長約13ミリ。分布は本州以南、朝鮮半島、中国など。ヤスデを捕食します。高井幹夫氏撮影。

ベニボタルの仲間のメス成虫（タイ）。甲虫の一種ですが、写真のように、メスは幼虫の形のまま成虫になる場合があります。これを幼形成熟（ネオテニー）と呼びます。八重山に住むイリオモテボタルのメスも幼形成熟をすることで有名で、イモムシ状のまま成虫となります。オスの腹部も先細りの妙な形をしています。

オオチャイロヒラタカメムシ *Aradus gretae*（ヒラタカメムシ科）。体長約11ミリ。分布は本州、ロシア極東部。高井幹夫氏撮影。同じ場所に住んでいても、環境をどのように感じ、認識するかは生物ごとに異なっています。ドイツの生物学者ヤーコプ・フォン・ユクスキュルはそれを環世界と呼びました。ヒトは自分たちが世界をありのままに見ていると思っていますが、実際には紫外線も見えなければ、表面張力が支配する微小世界の感覚も理解できません。

たった一人で失敗の洗礼を全身に浴び、そこから学びなおすことなしに、ほんとうの知識が身につくことはありません。

採集場所

案内書だけを握りしめて、書かれた場所へ行って、書かれている通りの方法で、そこに書かれている虫だけが採れたというのは、それはそれで狙った大物をゲットした喜びはあります。

でも、それでは新種や新記録の虫はなかなか採れません。新しいものを見つけようと思ったら、基礎的なことを身につけたうえで、そこからできるだけ離れる必要があります。もちろん、それでは誰もが欲しがる既知の大物は手に入りません。それを淋しいと思うのなら、大物狙いに徹するのもひとつの選択です。

自分がこれからどういう採集人生を送るのか、既知の大物狙いに徹するのか、地域の昆虫相の解明に邁進するのか、あるいはまた、ひたすら新種の発見を目指すのか、自分自身で決めていかなくてはなりません。

新種を狙うのなら、既存の情報から離れ、自分だけの感性を頼りに、地形図やグーグルマップの俯瞰図から、ここはと思う場所を見つけて出かけてみましょう。

そうやって現地についていてみたら、想像したのとはぜんぜん違う風景だったりすること

オオモンキカスミカメ *Deraeocoris olivaceus*（カスミカメムシ科）。体長9ミリ。分布は北海道、本州、四国、九州、旧北区。高井幹夫氏撮影。
捕食性で、うっかり手の平に乗せて眺めていると刺されることがあります。

もよくあります。

そういう場合でも、ではこの与えられた状況で、どこをどのような手段で探索していったらいいか、そこを臨機応変に考えてみることが大切です。

採集時期についても同様です。あえてみんなが出かけない時期を狙って採集に出かけると、思わぬ虫に出くわすことがあるものです。

叩き網採集法

ここから先は、具体的な採集方法についてお話しします。

わたしが普段持ち歩いているのは叩き網（ビーティングネット）です。四角く裁断した白い布の四隅を、十字に組んだ竹で広げた、凧のようなものです。これを木の枝や草藪などの下に突っ込み、その上の枝や藪を棒で叩いて白布の上に虫を落とします。

わたしの使っている叩き網は丈夫な厚手の布を使った手づくりのもので、いまでは体の一部のようになっています。

よく見られる袋状の捕虫網は、高いところにいる虫や、チョウやトンボなどの飛んでいる虫にはとても有効ですが、生い茂った草や木の枝にじっととまっている虫では、叩き網のほうが断然威力を発揮します。

捕虫網でそこらをすくったり、あるいは木の枝にかぶせて揺すったりしてもいいのですが、小枝に邪魔され、おまけにトゲに引っかかって網が破れることも少なくありません。

もちろん叩き網では、高いところにとまっている虫や飛んでいる虫は採れませんが、そういう虫ははなから諦めることにしています。

わたしの使っている叩き網は、110×80センチの長方形をした手づくりのものです。厚手の生地を使っているので丈夫ですが、雨が降ったあとの藪を叩くと露でぐしょ濡れになり、かなりの重さとなります。ナイロンメッシュの生地でつくれば水の切れはいいのですが、1ミリ以下の微小な昆虫は網の目から下へ抜け出してしまうことがあります。

ええ！　諦めちゃうの！　と驚かれるかもしれません。

そうです。諦めちゃうのです。

虫は高い木のてっぺんから土の中まで、いたるところに住んでいて、そのすべてをひとつの採集方法でカバーすることは不可能です。

もしあらゆる場面に対応できるよう装備を全部持ち運ぶことになったら、それこそ小山のような荷物を背負うことになります。

採集を重ねるうちに、自分の好みの採集方法がわかってきて、だんだんそれに特化するようになります。

もちろん、ときにはまったく新しい方法を取り入れることも重要です。なにも採集方法はこれだけ、と自分に制約を課す必要はありません。途中で目指す方向を変えたっていいのです。

叩き網で落ちてくるのは虫ばかりとは限りません。ムカデ、コウモリ、ネズミ、ヘビなども平気で落ちてきます。

コウモリやネズミが落ちてくると、「あああ！　ご、ごめんなさい！」と平謝りします。DNAレベルでの近縁度が高いからかもしれません。

台湾で毒ヘビの幼蛇が白布の上に落ちてきたことがあります。まことにかわいらしい頭でっかちの幼蛇でしたが、のぞき込んだわたしめがけていきなり飛びかかってきました。よほど自分の毒に自信があったに違いありません。断崖絶壁の場所で、危うくバランスを崩すところでした。

タイでは、ひっぱたこうと思った木の茂みに、アオハブが紛れ込んでいたこともあります。

木の枝に営巣しているアシナガバチの巣をまともに叩いて怒らせたことなど何度もあります。アナフィラキシーショックを起こす人は注意が必要です。

あるとき、台湾のカメムシ研究の第一人者であるアフー（蔡經甫（ツァイ・ディン・フー））さんがわたしに言いました。

「アチンさん！（阿敬（アチン）はわたしのニックネームです）、なんで捕虫網を使わないんですか？」

叩き網の上に落ちてきた毒ヘビの幼蛇（台湾）。小さいくせに、ものすごい頭でっかちです。

台湾で叩き網を見ることは、いまだほとんどありません。

樹冠には黄金色のキンカメムシをはじめ、美しいカメムシがひしめいているのに、いつまでたっても地面すれすれのところをパンパン叩いているわたしがもどかしくてしかたがなかったのでしょう。

おまけに地面すれすれの場所で採れるのは、たいていが褐色か灰色の地味なカメムシです。アフーさんはさぞ歯がゆい思いをしたに違いありません。

また、袋状になっている捕虫網なら、網の中に入った虫が逃げ出すことは少ないのですが、叩き網の場合は、せっかく落ちてきた虫があっという間に飛び去ってしまうことがよくあります。

すぐに採ればいいものを、「はて、これはなんだろう？」などとルーペでのぞき、「おや、これは新種かも」と思った瞬間に逃げられてしまうこともしょっちゅうです。

それでも叩き網を使うのは、やはり叩き網でないと採れないカメムシがたくさんいるからです。

そして、叩き網でカメムシを採る人がいまだに少ないからです。

叩き網は必ずしも、枝や藪などの下に差し込んで、枝や草をバシバシ叩くためだけに使うわけではありません。

山道を歩きながら足元の落ち葉をつかんで叩き網の上に広げると、中から地味なカメムシや小さなゴミムシが走り出します。

最近は、昆虫採集禁止区域でなくとも、虫を採っているだけでののしられることが多くなってきました。そこでわたしは、ヒトが多そうな場所では叩き網の代わりにこうもり傘を持ち歩くようになりました。

ここはと思えるポイントにつくと、周囲にヒトがいないのを十分に、十分に、十分に確かめてから、ぱぱっと傘を広げて、杖でパンパンと枝を叩きます。

ヒトが現れれば、すぐに傘を閉じ、悠然と歩き去ります。走って逃げると、警察に通報されるかもしれません。

ホシメダカカスミカメ *Zanchius takahashii*（カスミカメ科）。体長約3ミリ。分布は石垣島、西表島。とても華奢なカメムシです。高井幹夫氏撮影。

そして、ここがまた重要な点なのですが、叩き網はなにも虫を採るためだけのものではないということです。

毎年秋になると、わたしは叩き網を持ち、妻と一緒にむかご採りに出かけます。林道わきにはたいてい、ヤマイモのつるがあって、日の当たる場所にはむかごがたくさんついています。その下に叩き網を突っ込んでつるを叩くと、むかごがボトボト音を立てて落ちてきます。ときには珍しいカメムシも一緒に落ちてきます。

むかごは何キロも採り、ゆでてから冷凍保存して、定期的にむかご飯にして食べます。むかご飯はほんとうにおかずなどいらないくらいにおいしいので、ぜひみなさんも一度ためしてみてください。

篩い採集法

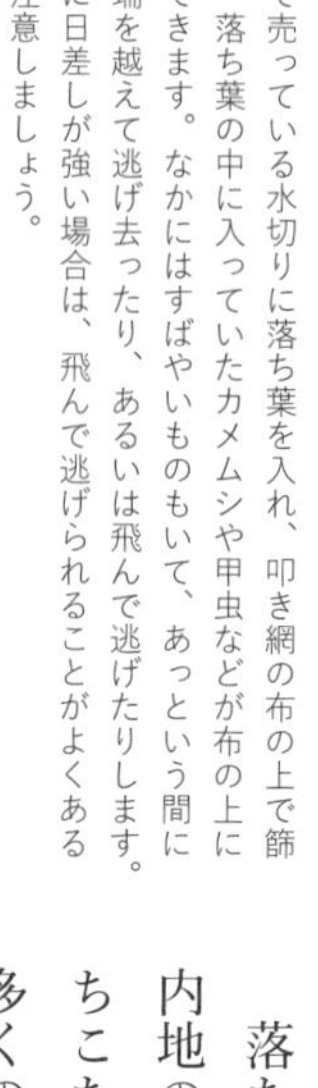

百均で売っている水切りに落ち葉を入れ、叩き網の布の上で篩うと、落ち葉の中に入っていたカメムシや甲虫などが布の上に落ちてきます。なかにはすばやいものもいて、あっという間に布の端を越えて逃げ去ったり、あるいは飛んで逃げたりします。とくに日差しが強い場合は、飛んで逃げられることがよくあるので注意しましょう。

落ち葉掃きなどをしないかぎり、日本の内地の落葉広葉樹林では通常、落ち葉があちこちにたまっていて、その中にはじつに多くの生き物が生息しています。

そうした落ち葉を、台所で使う水切りカゴに入れ、白い布（わたしはいつも叩き網で代用します）の上で篩（ふる）うと、小さな虫がたくさん落ちてきます。カメムシでは、小型のナガカメムシなどがたくさん落ちてきます。

「こんな小さな虫にもちゃんと頭や触角や手や足がついて、忙しそうに動いてる！　信じられなーい！」と思うヒトもいるかも

ヨツボシチビナガカメムシ *Botocudo japonicus*（ナガカメムシ科）。体長2・5ミリ。分布は本州、四国、九州、朝鮮半島など。高井幹夫氏撮影。
チビナガカメムシやヒナナガカメムシの仲間はいずれも小型で、落ち葉の中に生息しています。

しれません。

図体が大きいほど賢いなどという法則は、宇宙のどこにも存在していません。もし図体が大きいほど賢いなら、身長100メートルの宇宙人から見たわたしたちなど、さぞかしおろかな生き物に映るに違いありません。

白布の上には虫と一緒に土や落ち葉のかけらなども落ちてきますが、慣れてくれば体長1ミリ程度の虫でも瞬時に見分けられるようになります。

体が光っていたり、左右対称だったり、かすかに動いていたりするのです。

目の細かい金網の篩を使えば、虫以外のゴミはあまり落ちてきませんが、その代わりに金網の目を通らないような大きな虫は篩の上の落ち葉の中に残ってしまいます。

わたしは落ち葉やゴミが混じってもかまわないので、あえて目の粗い水切りカゴを使っています。

白布の上で落ち葉を篩い、じっと見つめていると、やがてもぞもぞと虫が動き出します。昆虫だけでなく、ダニ、ムカデ、ハサミムシ、トビムシ、ハサミコムシ、そしてカニムシなども落ちてきます。

ササラダニなどはルーペで拡大すると、なかなか奇抜なかっこうをしています。

亜熱帯や熱帯では日本とは違い、土の表面に湿った落葉樹の落ち葉がうず高く積もっていることはまずありません。

落葉樹の葉っぱなどは、落ちる端からシロアリが食べ、あるいは菌が分解してしまうからです。そのため落ち葉層の代わりに、いたるところに赤土が露出しています。

ただ、シロアリや菌にやられていない落葉広葉樹の落ち葉の吹きだまりも、ごくたまにですが見つかることがあります。

そういう場所には、じつに多くの虫が集まっています。

温帯であれ亜熱帯であれ熱帯であれ、虫が集まるのは、分解しやすく栄養分も多い、こうした落葉広葉樹の落ち葉です。

常緑樹の落ち葉になると、とたんに虫の数は激減してしまいます。でも、常緑樹の落ち葉にしかいない虫もいるので、スルーするわけにはいきません。

バケツ採集法

落ち葉の中だけでなく、土の中にもカメムシをはじめ、たくさんの生き物が住んでいます。

土の中の虫を採集する方法としては、ツルグレン装置が定番です。大きな漏斗状の容器の中に土を入れ、上から白熱灯で熱すると、乾燥、光、そして熱を嫌う土中生物が下のほうから落ちてくるのです。

けれども、装置がかさばるうえに、抽出には時間がかかります。

移動中の野外ではとても使用できません。

わたしはその代わりとして、水をためることのできるバケツなどの容器を持ち歩いています。

水を張ったバケツ、あるいはその代用品に土を入れてかき回すと、小さな虫がポコポ

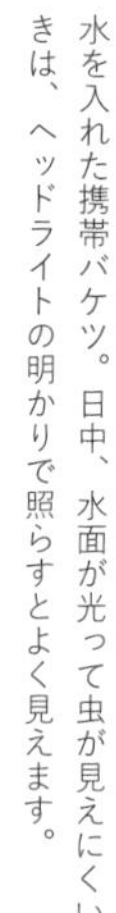

水を入れた携帯バケツ。日中、水面が光って虫が見えにくいときは、ヘッドライトの明かりで照らすとよく見えます。

コと浮かんできます。

ゴミも一緒に浮かんできますが、水に浮かんでいる虫はたとえどんなに小さくとも、篩い採集法のところでも述べたように、左右対称だったり、妙に光っていたり、もぞもぞ動いていたりするので、すぐに識別できます。

昼間、バケツの水面が光って見えにくいときは、ヘッドライトをつけるとよく見えます。

このバケツ採集法は篩い採集法と同様、短時間で大量のサンプルを処理できる点で非常にすぐれています。

土だけではなく、ツルグレン装置では抽出の難しい水辺の湿った砂などからも虫を取り出すことができます。普段はなかなか

チビツヤツチカメムシ *Chilocoris confusus*（ツチカメムシ科）。体長約2・5ミリ。分布は本州、四国、九州、朝鮮半島。高井幹夫氏撮影。
落ち葉混じりの砂を、水を張ったバケツに入れてかき回したら浮かんできました。

お目にかかれないマルドロムシやケシマルムシなどの甲虫も、この方法で簡単に採集することができます。

それだけではありません。川石の間にはさまっている小枝や枯れ草なども水を張ったバケツの中でゆすげば、いろいろと小さな虫が浮いてきます。

篩い採集法もバケツ採集法も、サンプルの中の虫すべてを回収できるわけではありません。見落としてしまう虫もあるでしょう。けれど、いずれの方法も大量のサンプルを、現地で、しかも短時間で処理できます。

わたしにとって、昆虫採集の三種の神器とは、叩き網と台所の水切りカゴ、そしてバケツです。

この3つは、採集に出かけるときはいつ

も必ず持ち歩くことにしています。

*

タイでのことです。

山の斜面に、大きな枯れ木が一本立っているのを見つけました。もうすっかり朽ち果てて、表面の皮ははがれ落ち、全体的にカサカサで、虫など一匹もとまっていません。

イラクサの茂みをかきわけてその株元にたどりつくと、板根（平板状に肥大した根）の間には、木くずが山のように堆積していて、ためしに手を突っ込んでみると、中はほどよく湿っています。

わたしはザックから分厚いビニル袋を取り出すと、その木くずをせっせと袋に詰め込みました。

山の斜面の枯れ木（タイ）。樹皮も落ちてカサカサです。普通ここまでになると大きな虫は来ませんが、根元付近に湿った木くずがたまっていれば、その中には小さな虫がたくさん隠れています。

ソンブンさんの家に戻り、バケツに水をくんできて、その中にビニル袋から取り出した木くずを少し混ぜ込んでかき回してみると、案の定、小さな虫が次々と浮かんできました。バケツ採集法は土や砂ばかりでなく、こうした木くずにも応用が利きます。木くずですから当然、水に浮きますが、その浮いた木くずの中で小さな虫がもぞもぞ動くのです。

ツチカメムシ、エンマムシ、ハネカクシ、アリヅカムシ、ヒゲブトオサムシ、ゴミムシなどを次々と指先につけて拾い出していると、ソンブンさんがやってきました。

わたしは指先にひっついている1ミリほどのエンマムシをソンブンさんに見せ、「ナンバーワン！」と言って笑いました。

ソンブンさんにとってナンバーワンの虫とは、コレクター好みのきれいで大きい虫のことです。それなのに、わたしがナンバーワンと言った虫は、たった1ミリほどの、真っ黒で丸っこい、草の種子のような虫でした。

ソンブンさんはものすごく困った顔をしました。

それがほんとうにものすごく困った顔なので、これはマズイと思ったわたしは、いきなり「きょうはこれから雨は降りますか？」と話題を変えました。

ソンブンさんはその瞬間、ぱっと明るい賢者の顔に戻って、見慣れた山々へと視線を移したのでした。

＊

また、これは奄美大島での話です。

道路の上のあちこちに散らばっているアマミノクロウサギのウンコをレジ袋にぱんぱんになるまで詰めると、わたしは山を下って、涼しい川辺の空き地に車を止めました。そして、トランクから布製バケツとウンコの詰まった重いレジ袋を取り出すと、そそくさと水辺に向かいました。

空はペンキを塗ったような青一色です。

布バケツいっぱいに水をくむと、傍らの倒木に腰をかけ、レジ袋から取り出したひとにぎりのウンコをバケツに入れ、両手でもみほぐしました。

人糞に対して感じるあの憎悪にも似た嫌悪感は、このかわいいウンコにはぜんぜん感じられません。

十分にウンコを粉砕してかき回してから水面に顔を近づけ、じっと見つめました。

「浮いてきた、浮いてきたぞ。」

エグリタマミズムシ *Heterotrephes admorsus*。（タマミズムシ科）。体長は約2・5ミリ。奄美群島特産の水生カメムシ。高井幹夫氏撮影。
山間部の河川に住んでいます。川の流れの中にある、岩の間にはさまった草をバケツの中でゆすったら浮いてきました。頭部と胸部が癒合した珍しい形態をしています。

糞に集まる小さな虫が、ポコポコと浮かんできては水面でもぞもぞと動くのを、指先で拾い上げていきます。こうして、わたしは次々と糞塊をバケツの中に投げ込んでは、虫を拾い出していきました。

そうこうしているうちに、車が砂利を踏む音がしました。振り返ると、わたしの車のすぐ横に一台の白いレンタカーが止まり、若い家族連れが降りてきました。

いかにも、いま都会からやってきましたという感じの、わたせせいぞうのポスターにでも出てきそうな家族です。

わたしは再びバケツに視線を移すと、またせっせとウンコをほぐしはじめました。

とそのうち、背後に近づいてくるヒトの気配を感じました。

そっと後ろを見ると、幼児が一人、手足をバタバタさせながらこちらへ向かって走ってきます。そのあとから若い母親が、ニコニコ笑いながら、何かすてきなことをしているらしい怪しい男のほうへ近づいてきました。

わたしは根性のねじ曲がった、たちの悪いマングースのような顔をして彼らを睨み、強烈な念波を放ちました。

「来るな！」

しかし、彼らは止まる気配がありません。

「来るな！　来るな！　来るな！」

わたしは立て続けに念波を放ちました。

それなのに、なんということでしょう。まもなくその子どもと美しい母親は、わたしとバケツを囲むようにしゃがみ込んで、あたりを甘い香水のにおいで包み込んだのでした。

カーネット採集法

日本初のカーネット（わたしの論文より転載）。昆虫をつかまえるためにさまざまなトラップが考案されていて、トラップごとに採れる虫の種類は異なります。このカーネットでも、普段見ることのない変わった虫がたくさん採れます。

春、夏、秋はもちろんのこと、たとえ真冬でも、多くの虫たちが空中を飛んでいます。車の上に大きな虫採り網（道交法の基準内に収まるよう作成します）を取りつけて走ってみると、こうした飛翔中の虫がたくさん採れます。

人間の視力というものがいかに頼りないかを知るには、カーネットはもってこいです。

カーネットで採集される虫のほとんどは、体長3ミリ以下の虫です。ごくたまに、チョウなどの大きな虫が入ることもありますが、普段はまず入りません。池や海でプランクトンネットを引いても、ナマズやロウニンアジなどが入ることなどまずないのと同じです。

空中を飛んでいる昆虫で最も多いのはハエの仲間で、次いで甲虫やアブラムシといったところです。カメムシも、クビナガカメムシやムクゲカメムシなど小型の種がよく入ります。

空中を飛んでいるのは虫ばかりではありません。クモもよく入ります。

児童文学の名作『シャーロットのおくりもの』（E・B・ホワイト著）のなかにもクモが空を飛んでいく様子が描かれていて、西洋ではゴッサマーとも呼ばれています。

クモが空を飛ぼうとするときは、草の上などに登っておしりを空に向けて突き出します。次いで、そこから糸を出して風に乗せ、糸がうまく風に乗ると、草をつかんでいた手足を放すのです。

これら小さな生き物たちは空中プランクトンとも呼ばれ、気流に乗って一気に数百キロを移動することもあり、なまじ大きな翅をもつ連中よりも労なくしてはるかに長距離を移動することができます。

さて、この陸上プランクトンネットともいうべきものを日本で初めてつくったのはわたしで、最初は「カーネット」という名前で発表する予定でした。

ところがいろいろあって、やむなく「トラック・トラップ」としましたが、いまもカーネットのほうがよかったと思っています。

カーネットによって採れる虫の数は、気象条件によって大きく変化し、ものすごい量の虫が入るときもあれば、ほとんどなにも入らないときもあります。

なんだ、なんにも入らないやと思って止めてしまうと、そこまでです。

カーネット採集もまた、他の採集方法同様、場数を踏んで勘をつかむことがなにより大切です。

だいたいにおいて、湿度の高い日の夕方、無風で、しかも満月のときに、大量の昆虫が捕獲されます。こんな虫が飛んでいたのか、と思うような虫がたくさん採れます。

夜間の灯火採集では、満月のときはあまり虫が採れませんが、カーネットの場合は逆に、満月のときのほうがむしろたくさん採れます。

なかにはカーネットでしか採れない虫もいます。たしかに、どこかに潜んでいるはずなのですが、ごく普通の探索方法には引っかかってこないのです。

ネジレバネのオスもカーネットでしばしば採集されます。この虫のオスを実際に見たことのあるヒトは、たとえ虫屋でもほとんどいません。

ネジレバネはたいていの昆虫図鑑に載っていますが、図示されているのは決まってオスです。オスの体長はせいぜい2、3ミリで、一見してハチのような、あるいはハエのようなかっこうをしています。その一方で、メスはウジのような姿をしています。いわゆる幼形成熟（ネオテニー）です。

ネジレバネの風変わりな形態や生活史は、ネットでも簡単に知ることができます。メス成虫によって大量に産み出された幼虫は、三爪幼虫という奇妙な段階をもち、ぼくちのような人生を経て、ごくごく一部の幼虫だけが成虫になります。こういうふうに、大量の子を産んで、そのあとの子どもの運命は天にまかせる繁殖戦略をr戦略と呼びます。

一方で、ごく少数の子どもを産んで、子が一人前になるまで親がめんどうを見る戦略をK戦略と呼びます。ヒトはK戦略を採用しています。ただしヒトの場合、子どもが一人前になった以降も親がまとわりついて、かえって難しい問題が生じることもあります。

さて、カーネットの最大の欠点は、つくるのがめんどくさいことです。なにせ車の上に載せて走るので、そこそこ頑丈につくらなくてはなりませんし、カーネットを装着するにはスキーキャリアなども必要です。

また、カーネットには目立ちすぎるという欠点もあります。

あるとき、調査の途中で、男の人にいきなり車を停止させられ、なんだろうと思ったら、「お前みたいなやつがいるからチョウがいなくなるんだ！」と大声で怒鳴られたことがあります。

新聞記者でした。

彼の車のラジエーターをのぞいてみると、そこにはものすごい数の虫の死体がこびりついていました。これまでたくさんの虫が彼の車にぶつかって事故死してきたことでしょう。

＊

飛んでいる虫の話が出たので、昆虫の空中移動について、ちょっとだけ付け加えておきます。

オオスズメバチは力強い翅を使い、日に数キロを飛ぶことができます。一方、カブトムシは大きな羽音をたてながら派手に飛びますが、オオスズメバチのように長い距離を飛行しつづけることはできません。せいぜいが数百メートルです。

このように、翅をもっていても長距離移動が苦手な虫もいれば、空中プランクトンのように、ひ弱な体でも風に乗って長距離を飛ぶことのできる虫もいます。

また、飛ぶための手段は翅や風だけとは限りません。

鳥に寄生するハジラミは初めから翅を欠いていますが、寄主である鳥の移動によって、ときには１０００キロ以上もの距離を一気に飛んでしまいます。

貝の仲間にも、水鳥の足について遠くへと飛ぶものがいます。わたし自身、山奥の小さな沼で二枚貝を見つけて、驚いたことがあります。

人間の荷物の中にもぐり込んで飛行機に乗り込み、海を越えて移動するなどというのも、近年獲得した飛行方法のひとつといえます。

「翅がないからこいつ飛ばないよね」などと思っていた生物が思わぬ空中長距離移動をやってのけ、驚くことがあるのです。外見だけで相手を判断して大失敗をするのは、ヒト社会でもよくあることではないでしょうか。

灯火採集法

夜間に行なう灯火採集は、虫屋の仲間内ではナイターと呼ばれています。

「きょう、ナイターやる?」

灯りに虫が飛んでくることくらい誰でも知っていますが、最近はＬＥＤ照明が増えて、

灯火採集（タイ）。虫がほとんど来ないときもあれば、ものすごい数の虫が集まってきて、目や耳や鼻に入ることもあります。一般に、新月で無風の蒸し暑い晩に、たくさんの虫が飛来します。飛来する時刻は、虫によって異なります。

灯りに集まる虫の数はずいぶん減ってきました。LED照明の出す光の波長は、虫には見えにくいのです。

その一方で、紫外線にはよく引き寄せられます。

カーネットの場合は満月の日に多くの虫が採集できますが、灯火採集の場合は新月に近いほど多くの虫が集まります。

また、風がなく蒸し暑い日ほど多くの虫が集まります。

しかし、新月で風もなく蒸し暑い日なら、いつも虫が来るかというと、そうでもありません。カーネット同様、虫がほとんど採れない日もあります。

「ナイターは、やってみなくちゃわからないからねえ」というのが、灯火採集の際に誰もが口にする言葉です。

*

タイでのことです。

灯火採集をしていたら、左の耳に虫が入りました。

耳に虫が入るなんて初めてです。

虫はどんどん奥へ入っていきます。綿棒で掻き出そうとしましたが、余計奥に入っていきます。そのうち動きが止まりましたが、時折思い出したように、ぶぶぶぶぶ、と羽音がします。

もう死んだかな、と思うと、それに合わせたように、ぶぶぶぶぶ、と羽音がするのです。

翌日、ソンブンさんにチェンマイの病院につれていってもらいました。

病院は大きく、清潔で、中にはコンビニまであって、おまけに耳鼻科のお医者様は小柄な美人でした。

耳の穴の中から取り出された小さなガは、ティッシュにくるんで、管ビンに大切にしまいました。

その日の晩、チェンマイで買った耳栓を装着したうえで、また灯火採集をしていると、今度は右の目に虫が入りました。なんの虫かわかりませんが、視野が急速にかすんできました。

こんなことも初めての経験です。

水筒の水で洗ってみたものの、一向によくなりません。なによりもカメムシの姿がよく見えないのにはまいります。

とりあえず椅子に腰を掛けて、これからどうするか考えてみることにしました。

ところがその椅子の上では、すでに大きなクマバチが休んでいたのでした。

アイテテテ。

こうなってくると、次に出てくるのはたぶん毒ヘビでしょう。

しかも、ラッセルクサリヘビ級かもしれません。

そう思ったわたしは翌日、小さな売店でジュースと菓子を買い、周囲に誰もいないのを確かめてから、集落のはずれにあるピー（タイ族が信仰する精霊）を祭った祠へ向かいました。

中をのぞくと、ピーの人形が昼寝をしています。わたしはその人形に向かって深々とお辞儀をしてから、持ってきたジュースと菓子をそっとわきに置いたのでした。

亜熱帯や熱帯では、シロアリがたくさん飛ぶ日があります。そんな日に灯火採集をすると、白い布の上はシロアリだらけになり、布の下にもシロアリの塊ができてしまいます。こんなときは、もうお手上げです。シロアリの飛来が収まるまで、部屋の中で寝ころんで、本を読んでいるしかありません（タイ）。

灯火に飛来したツチハンミョウ科の一種（タイ）。まるで、エイリアンのような風貌をしています。

ピー（精霊）を祭った祠。タイは仏教国ですが、同時にピー信仰も普通に行なわれていて、国中のあちこちで、こうした祠を見ることができます。日本のアニミズム信仰と同じです。

＊

これまで述べてきた以外にも、昆虫の採集方法にはさまざまなものがあります。

昆虫の採集方法だけで一冊の大著『昆虫採集学』（九州大学出版会）があるほどですし、さらに毎年毎年、新しい採集方法が考案されています。

もし興味があったら、いろいろとチャレンジしてみてください。

虫採りで出あう危険について

続いて、昆虫採集を行なうときの注意事項について、ちょっと触れておきます。叩き網のところでも書いたように、虫を採っていると、いろいろと危険な目に遭います。とくに注意しなくてはならないのは、ヒトという生物種との遭遇です。なかでも、持って行き場のない怒りをため込んだ、正義のヒトとの遭遇ほど危険なことはありません。

自然教室で子どもが網を持って昆虫を追いかけるのは心温まるシーンですが、いまどき大人がそんなマネをしたら、たちまち非難の目で見られてしまいます。多くの人にとっていまや、自然は触れるものではなく、ただ眺めるだけのものになっています。

こうした意識の違いに起因するトラブルは、なにも昆虫採集という場面に限ることではありません。

多数派は常に正義であり（ちなみに正義とは多数派のことであり、正しいかどうかとは無関係です）、多数派に属するかぎり、攻撃されることはありません。一方で少数派は、

「こらこら、いい大人が虫採りなんかしちゃダメだよ。虫採りは自然破壊だよ。おまわりさんに通報するよ！」
今日の自然は、生身で接するものではなく、距離を置いて鑑賞するだけのものとなりつつあります。

少数派であるというだけで、人々の攻撃本能をいたく刺激します。

今日、昆虫採集ほどマイナーな趣味はありません。

派手な行ないは避け、影のようにひっそりと行動するべきです。とくに複数の人数で採集に出かけた場合や、外国に遠征に出た場合は、ついこのことを忘れがちなので注意しましょう。

昆虫コレクションの行方

プロの昆虫研究者であれ、あるいはアマチュアであれ、多かれ少なかれ昆虫コレクションを持っているのが普通です。

本章のおしまいに、野外から集められた昆虫標本のうち、とくにアマチュアコレクターが持つコレクションの行方について、考えてみます。

＊

ヒトは、いろいろなものを集めます。

昆虫コレクターの場合は、昆虫を集め、標本にし、眺めます。ときには標本商などから買うこともあります。

コレクションは麻薬と同じ作用をもっていて、悲しいことやつらいことがあると、コレクターは標本箱を引きずりだして、中の虫を眺めます。

するとコレクターの顔は、瞬時にうっとりした顔へと変わります。その即効性は、あらゆる麻薬を上回るほどです。

北杜夫の『どくとるマンボウ昆虫記』を読むと、こうした昆虫コレクターの心理がするどく描写されています。

虫を集めているうちに、あるグループを偏愛するようになると、コレクターはそのグループを全種（さらには全亜種）集めることに情熱を燃やしはじめます。

そしてまた、他人が珍しい種を2頭持っていると、こっちは3頭欲しくなります。次いで、すべての産地の虫が欲しくなり、それらを標本箱にずらっと並べて、わずかな差異を見いだしては、鼻を膨らませます。

もうすでにたくさん持っている虫であっても、年が変わるごとにまた採りに行きます。そして、今年の個体を標本箱に付け加えて安心します。

貯金と違い、標本は増えこそすれ、減ることはありません。

いくらたくさんあっても、そのうちの1頭を他人に抜き取られると、大きな、とてつもなく大きな喪失感に襲われます。

もう二度とやるものかと思います。

なんでそんなに集めるのかと聞かれると、個体変異を調べるためだとか、なんだとか、もっともらしいことをあれこれ並べ立てます。

前にもいったように、いったんアマチュアコレクターの手に渡った標本は、たとえそれが学術的にいかに貴重なものであっても、二度と日の目を見ないことがしょっちゅうあります。

学術的に貴重であればあるほど、誰にも渡さず、自分一人で眺めてニヤニヤします。しかし、アマチュアコレクターも生物である以上、歳をとります。いよいよ死期が近づいてくると、みな標本の行方が気になってきます。ほんとうはあの世まで持っていきたいのですが、お金同様、それは不可能です。

でも、死ぬ瞬間まで手離したくはない。

死んだあとは、どこか立派な博物館で、自分の名を冠して保存してほしいと思っているし、自分ではその価値があると思っています。

しかし、ただでさえ人手と予算の少ない博物館には、アマチュアコレクターたちの標本を引き受ける余裕はまったくありません。

ほんとうにまったくないのです。

マイナーな趣味とはいえ、昆虫コレクターは哺乳類の骨格標本のコレクターなどに比べれば数が多く、収集した標本の量も膨大なものとなります。むやみに引き取っていたら、あっという間に置き場所すらなくなります。

ときには、ほかのアマチュアコレクターが標本を引き取ってくれる場合もありますが、遅かれ早かれ不特定多数のコレクターにバラバラに配分されるなどして散逸してしまいます。業者が買い取るというような場合も、あくまでも装飾品として、ごく一部を買い取るだけです。

日本中の昆虫コレクター全員が、コレクターであることの義務として、各人200万円ずつ拠出して標本収蔵庫をつくればいいのですが、そんな気はさらさらありません。

少しでもお金があれば、みんな採集につぎ込んでしまいます。

結局のところ、コレクターが汗水流してせっせと集めた標本は、有名画家の描いた世界にひとつしかない絵のようにはいきません。最終的には、カビが生え、虫が食い、ゴミ処分場行きとなります。

昆虫コレクションは、コレクター個人にとっては失うことのできない宝です。けれども、虫などに興味のない人からみれば、そんなものはあってもなくてもいい、ただのゴミでしかありません。たとえ、コレクターが秘蔵していた標本に新種が含まれていようが、ただのゴミです。いわんや、未整理の標本など、まさにゴミそのものです。

人生の大半を費やして集めたものが、ただのゴミになるのです。

もちろんなかには例外もあり、どこかの博物館に丸ごと収められる場合もあります。しかしそれは、貴重なタイプ標本などを含む、ごくごく一部のコレクションだけです。死ぬ間際に、知人に向かって「オ、オレの標本を、よ、よろしく頼む」などと言って手を握ったところで、頼まれた知人は当惑するばかりです。

そのことを思うと、釣りのほうがよっぽどましだと思えてなりません。たいていの場合、釣った魚は写真を撮ったあと、食べるか、あるいはリリースするかのどちらかで、昆虫標本のように、死ぬまで手元に残ることはありません。

集めるという行為を始める前に、以上のことをよく考えるヒトはほとんどいません。雀鬼として知られる桜井章一さんが、著書『手離す技術』のなかで次のように書いています。

現代社会に生きる多くの人々は、一度得たものをなかなか手離そうとはしない。それが苦労したものであればあるほど、握りしめる力はよりいっそう強くなる。自然界の中で、人間ほど得ること一辺倒の生き方をしている生き物はいない。つまり、得たものを手離さない生き方は、自然に反する行為ともいえるのである。そして人は、得たものを強く握りしめるということが、どれだけ自分を苦しめているのかにも気づかない。そうやって人間は自らを窮地へと追い込んでいるのだ。

この「得たもの」のなかには、昆虫標本や自分の子どもなども含まれるでしょう。

どんなに自分では価値あるコレクションだと思っていても、モナリザのようにはいきません。昆虫標本など、多くの人の目には、まさにゴミとしかうつりません。

マダラケブカカスミカメ *Tinginotum takahashii*（カスミカメムシ科）。体長約4ミリ。分布は石垣島。体中に密なやわらかい毛が生えています。

昆虫採集は、浮き世離れした、とても純粋な行為だといわれることもありますが、むしろ最も人間臭い行為のひとつです。

人生100年などとうそぶくのはやめにして、いざというときに周囲に迷惑をかけないよう、そして、なにより自分自身に苦しみを与えないよう、早めに心の準備をしておくことはとても大切です。

3

あんなカメムシ、
こんなカメムシ

カメムシは世界で約4万種、日本にもおよそ1500種が生息しています。本章では、それらのうちからいくつかのカメムシをピックアップし、紹介します。

キンカメムシ

いま、カメムシファンの女性や芸術家が少しずつ増えています。「ほんとう？」と言われそうですが、ほんとうです。こうしたヒトたちがとくに興味をもっているのが、キンカメムシの仲間です（口絵8〜10ページ）。

キンカメムシは南方系のカメムシで、世界から450種以上、そして日本からは10種が知られています。そのあざやかな色彩と大きさで、カメムシのなかでもたいへん人気のあるグループです。

ためしにネットで「カメムシ　ブローチ」と入力すると、キンカメムシを模したブローチがいくつもヒットします。

こうしたビジュアル系カメムシの愛好家にとっては、カメムシが害虫であるかどうか、珍しい種類であるかどうかは重要ではありません。

重要なのは、そのカメムシがきれいか、かわいいか、あるいはまた愛嬌があるか、ということだけです。

こうした新手のカメムシファンもまた、カメムシ図鑑を毎日眺め明かしては、お目当てのカメムシとの遭遇を夢見ています。

コレクターの場合、最初は美しいものに惹かれ、やがては希少種へと向かっていくのが普通です。

しかし、ビジュアル系カメムシの愛好家がそういう方向へ動いて、地味な珍種を追うようになるとはあまり思えません。

これまでの昆虫コレクターとは、基本的なところで違う存在であるといってもいいでしょう。

生きているときはきれいなキンカメムシも、死ぬとすぐに色あせてしまいます。新手のカメムシファンたちが生きたカメムシを愛でるところも、これまでのコレクターとは大きく異なっています。昆虫コレクターの崇拝対象は、基本的に標本です。

このように、同じ対象を扱うにしても、昆虫とのつきあい方はさまざまです。

生きた虫の姿形を愛でる者もいれば、ひたすら珍品の標本を集めるコレクターもいます。カメムシ防除を職業とする者もいれば、たくさん集めて食材として売る者もいます。

チャイロカメムシ *Eurygaster testudinaria*（キンカメムシ科）。体長約10ミリ。本州、四国、九州、朝鮮半島、中国などに分布。高井幹夫氏撮影。
キンカメムシのなかには、チャイロカメムシのように、地味な色彩の種類もいます。

分類を生業とする研究者もいれば、個体間のコミュニケーションを調べる研究者もいます。共生微生物を調べる研究者もいれば、翅型を調べる研究者もいます。カメムシを見て悲鳴を上げるヒトもいれば、近寄っていって手の平に乗せてみるヒトもいます。

同じ県に住んでいるからといって、そこの県民がみな同じ性格や職業をもっているわけではないのと同じです。

さて、キンカメムシの仲間に、オレンジ色の体に黒い斑点をもつアカギカメムシがいます。アカギカメムシという名前はついていますが、アカギには来ず、集まるのは主にアカメガシワです。

大きな集団を形成することで知られ、その重さでアカメガシワの枝が垂れ下がるこ

アカメガシワの葉の上で集団をつくるアカギカメムシ *Cantao ocellatus*（キンカメムシ科）。高井幹夫氏撮影。

ともあります。以前は南西諸島が北限でしたが、現在北上中で、九州や四国、本州などでも見られるようになってきました。

たくさんアカメガシワがあっても、群がるのはたいてい一本の木だけです。街のなかにラーメン屋はたくさんあるのに、そのうちの一軒だけにヒトが群がっているのによく似ています。

糞に集まるカメムシ

わたしたちは英雄やお姫様の話を好んで読みますが、そこでは排泄というきわめて大切な行為はほぼ完全に省かれています。

たとえ、窓ガラスもない冷たい城の中で、素手で食べ物をくらう描写はあっても（西洋では17世紀ごろまで食事は素手で食べていました）、丸見えの場所で英雄やお姫様がお尻を突き出す、などという描写は出てきません。

まるで、食事はするけど、ウンコなど一度もしないで一生を送るかのようです。

もし、イヌが小説を書いたとしたら、排泄の場面はごくごく普通に登場することになるでしょう。

「（イヌの）エミリーは背中を弓なりに曲げると、大きく開いた肛門から茶色い、やや汁気の多いウンコを一気に排泄した。中に回虫が何匹か見える。エミリーはしばらくそのウンコのにおいを嗅いでいたが、やがて満足そうにその場を立ち去った。しばらくしてそこをアナグマのルークが通りがかった。彼は慎重にエミリーのウンコのにおいを嗅ぐと、鼻を高くかかげ、彼女の去った方角を眺めた。それから口を少し開けて牙を剥き、低くうなった。ルークはエミリーのウンコに思い切り小便をかけると、ようやくせいせいした顔を見せて、のこのこと自分の巣穴へ向かった。そして奥深い清潔な部屋につくと、自分の肛門のにおいを嗅いでから、やすらかな眠りについた。」

わたしが子どものころは、パソコンもコンビニも自動湯沸かし器もありませんでした。そしてもちろん、水洗トイレなどはなく、排泄されたウンコは、糞壺のあの神秘的な暗やみの中に、「べちょ」とか「どさっ」とかいう音を立てて消えていくばかりでした。

自分の排泄したものを初めてよく観察するようになったのは、中学生になり、和式水洗トイレが登場してからのことです。最初のころは正視することができず、目をそらしながら水を流したものでした。

それがいまでは「おお、きょうのは大きい！」とか「きょうのはめちゃくちゃ長い！」とか「あ、野菜の繊維が混じってる！」などと、じっくり観察するようになってきました。

ただし、いまだに他人のウンコには多少の嫌悪感を抱きます。

今日のヒト社会において、他人のウンコはあまりいいイメージをもたれてはいません。そして、そのにおいなども、いまだ不快なものの筆頭にあげられています。

しかし、ここが重要な点なのですが、ウンコが本来的に不快なにおいをもっているわけではありません。

現代社会を生きるヒトが、それを不快なにおいであると思い込んでいるだけです。つまり、それはあくまでも文化的なもの、習慣的なものにすぎません。

多くの生き物にとって、ウンコはいまもなお、そのにおいや質を慎重に吟味すべき貴重な情報源であり、ときには食料ともなります。

＊

できたばかりの堰堤の上に立って、わたしはあたりの風景を見下ろしていました。堰堤の周囲は、工事車両によってすっかり破壊され、下界には畑や住宅地が広がっています。

なんてつまらない風景なんだろう。

そう思いながらふと足もとを見ると、堰堤から沢筋へ降りる階段の途中に、大きなため糞がしてあるのを見つけました。

さっそく落ちている枝を手にしてかき回してみると、中から虫がたくさん出てきました。

エンマコガネなどの糞虫ではなく、なんとカメムシです。

堰堤の階段にあったハクビシンのため糞。糞にはヤマザクラの種子が大量に含まれていました。

カメムシの食べ物といえば、通常は植物か小動物です。たまに糞から吸汁することはあっても、これほどまでに多数の個体が集団で吸汁を行なうなど、聞いたことがありません。

それなのに目の前では、じつにたくさんのナガカメムシの成虫と幼虫が、ほぐされた糞塊の中で慌てふためきながら右往左往しています。

どうも、これまで見たことのないナガカメムシです。

それにしても、なぜこんなにたくさんのナガカメムシが獣糞に群がっているのだろう。糞の前にしゃがみ込んで長い間見つめたあげく、ははーん、と合点がいきました。

カメムシは糞ではなく、糞の中に含まれ

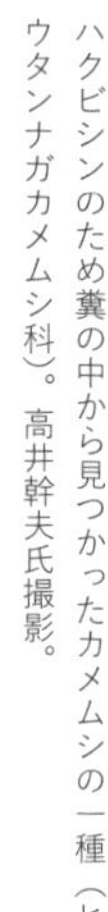
ハクビシンのため糞の中から見つかったカメムシの一種（ヒョウタンナガカメムシ科）。高井幹夫氏撮影。

ている大量の植物種子を目当てに集まっていたのです。

植物の種子はカメムシの重要な餌のひとつです。そして、カメムシは現代都市に生きるヒトほど、ウンコに対して神経質ではありません。ご飯の中にウンコが混ざっているくらい、まったく気にもしません。

成虫を3頭持ち帰って、図鑑をめくってみましたが、該当するカメムシは載っていません。高井さんへ送ると、未記載種（新種）らしいとのことでした。

あんなにうじゃうじゃいた虫が未記載種というのも不思議なことですが、あるいは、彼らはため糞に特化した珍しい種類なのかもしれません。

カメムシの立場に立てば、野外で種子を

ひとつずつ探し出すより、糞の中の大量の種子を利用したほうが、はるかに効率がよいというものです。

もちろん、食べ物である種子を大量に含んだ糞に集まるためには、糞のにおいも探索手段のひとつとして用いている可能性があります。たぶん、そういう方向へ進化した、特殊な種類なのでしょう。

本種のほかにも、オオモンシロナガカメムシが糞中の種子を吸汁することが報告されています。こちらは林床でよく見かける種類です。

ため糞の写真と種子を、哺乳類学者の高槻成紀さんに送って見ていただいたところ、糞はハクビシンのもの、そして種子はヤマザクラのものとのことでした。

他の生物を捕食するカメムシ

1831年12月27日、ダーウィンはイギリス海軍測量船ビーグル号に乗り、5年にわたる世界一周の旅に出発しました。

与えられた任務は、ロバート・フィッツロイ艦長の話し相手です。フィッツロイは天気予報の先駆者としても知られています。

当時のイギリス海軍では、艦長は船員との個人的なつきあいはできませんでした。5年ものあいだ話し相手なしでは頭がおかしくなってしまいます。陸での一人暮らしならそれでもいいでしょうが、多くの船員を預かっている船長がそうなっては困ります。

そこで、若きダーウィンが話し相手として乗船することになったのです。フィッツロイが26歳、ダーウィンが22歳のときでした。

もちろん、ダーウィンはフィッツロイ艦長を相手にずっとおしゃべりを続けていたわけではありません。もともと昆虫採集に熱心だったダーウィンは、陸地につくたびに、化石から生きているものにいたるまで、せっせと標本を採集しては、本国イギリスへ送りつづけました。

ダーウィンは、南米で見つけたオオサシガメの一種をペットとして飼い、時折、自分の指から吸血させていました。サシガメは他の生物の体液を吸います。

このオオサシガメの糞にはシャーガス病の病原体が潜んでいて、刺された部分を掻くと、そこから体内に病原体が侵入します。シャーガス病を引き起こすのは、トリパノソーマと呼ばれる原虫で、長い潜伏期を経て、臓器などに炎症を起こさせます。慢性期になると、今日でも治療の困難な病気です。

キイロサシガメ *Sirthenea flavipes*（サシガメ科）。体長約19ミリ。分布は本州、四国、九州、南西諸島、台湾、朝鮮半島、中国など。高井幹夫氏撮影。
サシガメの仲間を不用意につかむと、そのするどい口で刺されることがあります。痛いうえに消化酵素を注入され、刺されたあとがいつまでもコリコリします。水生カメムシのマツモムシなどもよく刺します。

帰国後のダーウィンの生涯は病気のオンパレードでしたが、その一因は、このサシガメから感染したシャーガス病にあるともいわれています。

もともとカメムシは、このような吸血性のグループから出発し、そのなかから植物食のグループが発生したと考えられています。ただ、植物から吸汁すると同時に、他の昆虫を捕食している種もたくさんいます。

＊

タイでのことです。木の枝の上に葉っぱを集めてつくった巣を見つけました。同行のタイの研究者に聞くと、ネズミの巣だそうです。

そうですか、あんなところにネズミが巣をつくるんですか、ネズミも大変ですね、などと笑っていたのですが、ふと思い直し、捕虫網の柄を伸ばして、巣をまるごとネットの中に落としてみました。

たしかに、巣にはネズミが入っていました。けれどもわたしの目的はネズミではありません。ネズミを逃がし、地面の上に巣材を広げると、はたして中から虫が出てきました。甲虫でも出てくるかと思っていたのですが、予想に反して、出てきたのは *Clerada* 属のナガカメムシの一種でした。

初めて *Clerada* 属に出会ったのは小笠原諸島の母島で、ニワトリの試料置き場の中から見つけました。こういうところにいるカメムシはみな捕食性で、母島の *Clerada*（ミナミナガカメムシ）は貯穀害虫の幼虫を食べていました。

さて、タイのネズミの巣の中から出てきた *Clerada* は、幼虫も成虫もパンパンに腹が膨らんでいて、どうやらネズミの血を吸っているようです。

帰国してすぐに、その生態を論文にまとめて学会誌に投稿したのですが、カメムシ自体が新種で、まずはその記載論文を書けとのことでした。わたしは分類の論文など書いたことがなく、結局、論文は取り下げ、標本は専門家へ送りましたが、その後どうなったのかはわかりません。そんなわけで、ネズミを見るたびに、いまもあのカメムシのこ

*Clerada*属の一種（タイ）。高井幹夫氏撮影。わたしがネズミの巣の中から見つけた種と同種であるかは不明です。

とを思い出すのです。

＊

やはり、同じくタイでのことです。タイでは、ハリナシバチをよく見かけます。

体長数ミリの小型のハナバチで、毒針をもっていません。木のうろなどに営巣し、木の外に細長い管のような構造物をつくって、その先から出入りします。

この管にはときどき、黒いサシガメの仲間がたかっています。最初は偶然そこにいるのかと思ったのですが、よく見るとかなりの割合で、このサシガメの成幼虫がくっついています。

ハチとは比べようもない鈍重な動きしかできませんが、十中八九、管を出入りするハチを狩って捕食しているに違いありません。わたしはハチを捕まえる瞬間を見ようと思って何度も顔を近づけたのですが、そのたびにサシガメはするりと管の後ろにまわり、管をつたって木のうろの中にのそのそと逃げ込んでしまいます。

その様子が、現場を押さえられて逃げ出すいじめっ子そっくりで、わたしはこのサシ

ハリナシバチの巣の入り口。ハリナシバチの仲間は世界に400種以上いて、ミツバチ同様に花の蜜を集めます。体はミツバチに比べてはるかに小さく、また毒針をもっていません。

ハリナシバチを捕食するサシガメ。東京農大の石川忠さんに、*Pahabengkakia piliceps* という種類であると教えていただきました。

ガメに対してだけは、いまだにはなはだしい嫌悪感を抱かずにはいられないのです。

紙のように平たいカメムシ

枯れ木の樹皮下には、平たい虫がたくさん住んでいて、皮をむくと、そういう虫がぽろぽろと叩き網の上に落ちてきます。甲虫のなかにはその名もヒラタムシと呼ばれる虫がいて、他の昆虫や菌類などを食べています（ヒラタ・ムシであって、ヒラ・タムシではありません）。

カメムシにも平たい種類がいて、ヒラタカメムシ科というひとつのグループをつくっています。日本には50種以上のヒラタカメムシが生息しています。枯れ木の樹皮下やキノコの表面などに見られ、どれも食菌性です。

いずれも灰褐色の地味な色彩をしていますが、ルーペで見ると、その体表にはなかなかすてきな彫刻がほどこされています。

＊

いつまでも一緒に暮らせるものと思っていたミューンとキジーの2匹の猫が相次いで逝ってしまったあと、わたしと妻は2匹の遺灰を持って会津の志津倉山へ向かいました。ブナの巨木に覆われた志津倉山には、猫啼岩と呼ばれる岩場があって、そこにはカシャ猫という、齢1000年の猫が住んでいるといわれています。山の中で2匹の散骨をしながら、妻はしきりにタオルで涙を拭っていました。

それから2年あまりが過ぎ、わたしは再度、ひとりで志津倉山を訪れました。沢沿いの空き地に車を置き、10分も歩くと、山道のわきにモミの木を見つけました。叩き網を差し出して枝を叩くと、*Calisius*（チビヒラタカメムシ属）の雌雄が落ちてきました。

Calisius はヒラタカメムシ科に属する南方系の小型のカメムシで、初めて見たのは20年以上も前の石垣島においてです。そんな南の虫が福島県にいるなど思いもよらないことでした。

ザックを下ろし、水分保持のためのコケと一緒に、雌雄を慎重に管ビンに収容すると、わたしは山を駆け下り、村の小さな郵便局へと車を走らせました。

道ばたの物置のような建物の中では若い男性局員がひとり、所在なげに座っています。

「これ、あした四国に着くでしょうか?」

志津倉山のチビヒラタカメムシ *Calisius* sp.（上はメス、下はオス）。高井幹夫氏撮影。チビヒラタカメムシの仲間は、いずれも体長が2ミリ程度と、ヒラタカメムシのなかでは最も小さなグループです。熱帯系の虫で、福島県で見つけたときにはとても驚きました。なお、福島から発送した翌日には、ちゃんと高井さんのところに届きました。

「いま、お調べいたします。」

　彼はまるで天皇陛下の親書でも受け取るように丁重に封筒を受け取ると、部屋の奥にあるパソコンの前に座りました。汗まみれの体を部屋の隅にあるエアコンで冷やしていると、やがて後ろで声がしました。

「あしたの午後には到着する予定です。」

　郵便局を出たあとも、わたしは不安でなりませんでした。こんな山奥から出した郵便物が本当にあした、四国の高井さんのところまで届くのでしょうか。

　その晩、わたしは志津倉山で灯火採集をすることにしました。

　猫啼岩の下に着くと、夕暮れの空には早くも星がまたたきはじめています。星ですらやがては寿命が尽きるときがやってきます。いわんや、星に比べればヒトの一生などほんの一瞬にすぎません。それなのに、その一瞬のなんと長いことでしょう。

　新月です。

　頭上の星はいつの間にか数を増し、やがてそのひとつひとつを区別するのが難しいまでに、空全体がまるで生きている海のように輝きはじめたのでした。

外来種

5月の連休が終わったある日、茨城県にあるわが家の芝生で、褐色の見たことのないカメムシを見つけました。

両手でそっと包み込んで家の中に持ち帰り、透明なビニル袋の中に放しました。それから図鑑を持ってきて、そこに載っている写真としつこく照らし合わせたのですが、該当するものが見つかりません。すぐに四国の高井さんに送りました。

翌日返事がきました。高井さんも見たことがないそうです。

とにかく、カメムシ本体は生きて無事に高井さんに届いて写真撮影も終わったので、わたしはホスト（寄主）を探すことにしました。芝に発生しているのではなく、十中八九、裏の林で発生しているものと見当をつけ、捕虫網を持って、何日も何日もいろいろな木々の葉をスウィーピングして回りました。

けれども、見つかりません。

よほど珍しい種類なのか、あるいは、よほど変わった植物についているのでしょう。

結局、その年にはホストを見つけることができませんでした。

ます。

翌春、再び探索を始めましたが、やはり見つからないまま、日にちばかり過ぎていきます。

困ったなあ、そう思いながら林の中を歩いていると、林の下に繁茂しているアズマネザサの上に、このカメムシがとまっているのが目に入りました。

おやっと思ってよく見ると、近くにある他のアズマネザサの上にも別の個体がとまっています。

ホストはなんと、足元に広がるアズマネザサでした。どこにでもある植物だから、こんなものがホストだとは思わず、まったく注意していなかったのです。

さらに驚くべきことに、安永智秀さんによれば、このカメムシは新種であるうえに新属であるとのことでした。和名はアズマカスミカメと決まりました。

ところが、それから何年かたつうち、関東地方のいたるところで、ごく普通にこのカメムシを見かけるようになりました。ここまできて、いくらなんでもおかしいとわたしも思いはじめました。

このカメムシはたぶん、ごく最近になって関東へ入ってきた、外国産の虫に違いありません。いわゆる外来種です。

なんであれ、今日の日本社会では、外来種というレッテルを貼られただけで、もう完

アズマカスミカメ *Azumamiris vernalis*（カスミカメムシ科）。体長約6ミリ。高井幹夫氏撮影。
どこにでもある住宅地の庭で新属新種のカメムシが見つかるなど、普通にはありえないことで、おまけにホストはこれまたどこにでもあるアズマネザサです。最初は、発生期間が短いためこれまで見つからなかったのだと思っていましたが、そのうち、あちこちで見かけるようになりました。おそらくは近年外国から入ってきた外来種でしょう。

全絶滅させるべき悪の権化とみなされてしまいます。池を干してぴちぴちはねる魚をすくい上げては、「これは外来種です！」と、さも悪人を捕らえたかのようにキャスターが指さします。

その映像を見るたびに、わたしはいつも戦慄を覚えます。かつて地表に暮らしていた、数多くの動物や植物や微生物を絶滅に追い込んだのは、ほかならぬヒトという生物種です。

そのヒトという生物種が、まるで自然を守る正義のヒーローのように、元はといえば、自分たちが外国から持ち込んだ魚をつるしあげて、得意満面な正義の笑顔を見せているのです。

「大丈夫か！　ヒト！」

わたしは思わず、そう叫んでしまいそうになります。

アズマカスミカメが害虫として認識されるようになるとはあまり思えませんが、単に外来種だからというだけで排除しようとすると、それには莫大な費用がかかり、なおかつ、その際に使用する薬剤は、日本古来の生物たちにさらに大きなダメージを与えることになるでしょう。

本種も駆除の対象になる日が、いつか来るのかもしれません。

絶滅させたければ絶滅させればいいのだとわたしは思います。ただ、そのときに正義を持ち出すのだけは控えたいものです。いったん正義を持ち出すと、その時点であらゆる思考が停止してしまうからです。

グンバイムシ

小さな虫が好きです。

虫は小さければ小さいほどよい、というのがわたしの持論です。

一般に、アマチュアコレクターは大型で派手な種類を集める傾向があって、体長1、

2ミリの昆虫などには目もくれません。

けれども、よく見れば、小さな虫には奇抜な格好をしているものも多く、新種もしばしば見つかります。

そして、なによりも肝心なのは、コレクターの繰り広げる収集競争の世界とは完全に無縁でいられるということです。

収集競争から距離を置いてひとりになり、深呼吸をして考え直してみてください。

小さいというだけで手をつけないのは、じつにもったいないかぎりです。

＊

奄美大島の尾根筋で、1頭のグンバイムシを見つけました。

グンバイムシというのは、カメムシのなかでもとくに体の小さなグループのひとつです。相撲の行司さんが持つ軍配に似ているのでこの名前がつきましたが、ヒラタカメムシ同様、ルーペで拡大すると、なかなか味わい深い造型をしています。

見つけたグンバイムシは、普通種のシキミグンバイによく似ていますが、何かちょっと怪しい感じがします。

そのままポイしてしまいそうになったのをなんとかこらえ、わたしはそのグンバイを管ビンに収容し、ふもとの小さな郵便局から四国の高井さんに送りました。

さっそく翌日メールが来ました。シキミグンバイではなく、奄美特産の珍しいシラキグンバイらしいとのことです。

シラキとは、素木（しらき）得一博士のことです。

素木博士は、ベダリアテントウを用いたカイガラムシの防除などで有名な昆虫学者です。長く台湾で暮らし、台湾の農業試験場に行くと、いまもなお博士の写真が飾ってあります。

いい虫が採れたな。

わたしは携帯電話をしまうと、首筋の汗をタオルでぬぐい、ポケットからよれよれになった地図を引っ張り出しました。

次いで、ポシェットに入っている残りの管ビンの数を数えてから、照葉樹に覆われた暗い林道を海辺に向かって下っていきました。

小さな虫、ばんざーい！

心の中でそう叫びながら。

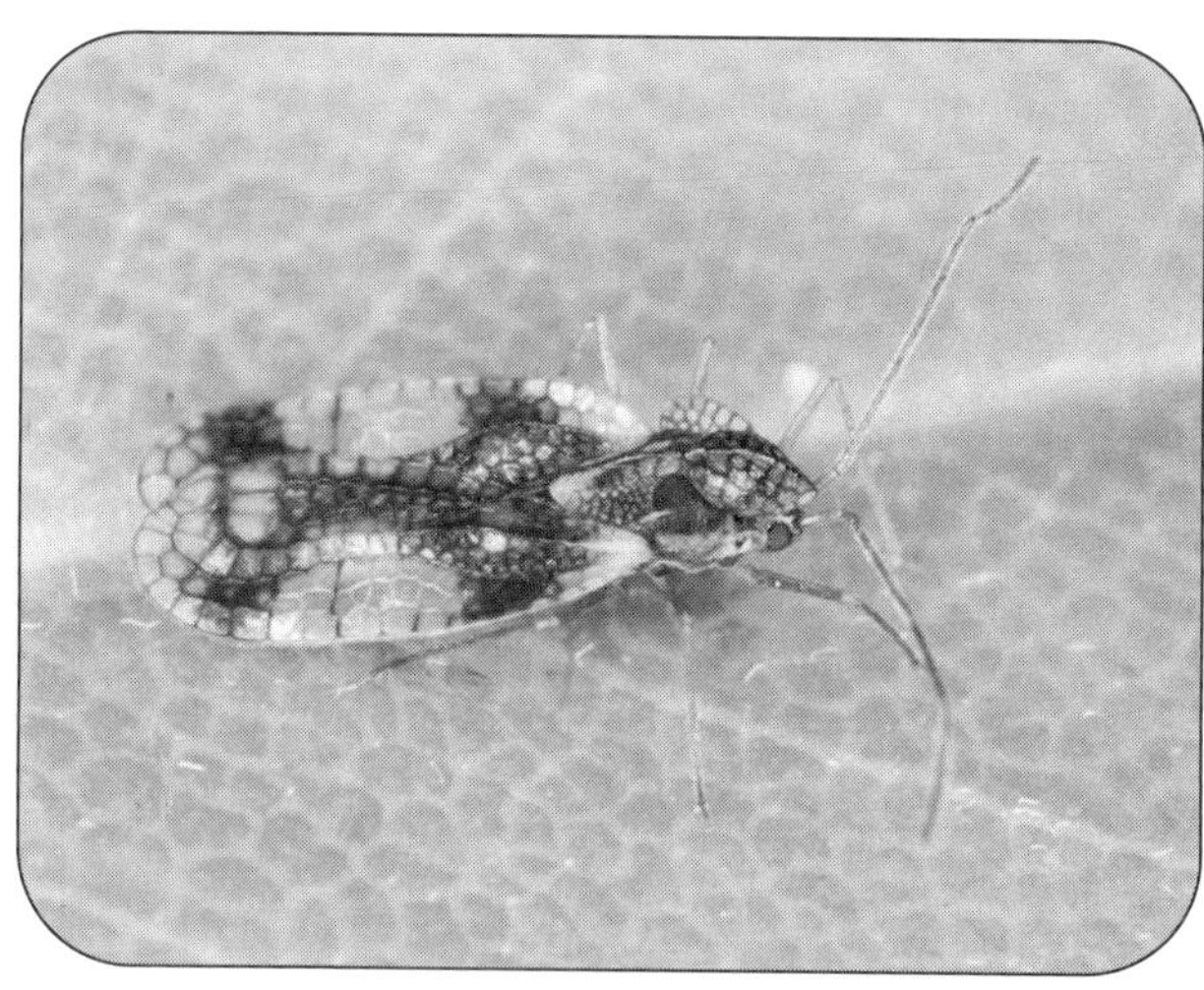

シラキグンバイ *Stephanitis shirakii*（グンバイムシ科）。体長約4ミリ。奄美大島特産種。高井幹夫氏撮影。

台湾最大の農業試験場には、台湾農業の展示コーナーがあります。そこには、台湾農業に貢献した日本人研究者の業績と、彼らが使った顕微鏡などが展示されています。一番上が素木得一博士の解説。

メスを幼虫のうちから確保しておくオスのカメムシ

沖縄本島でのことです。

レンタカーを運転しながら、森の中をのぞき込んでいると、斜面の上のほうにウラジロガシの大きな倒木を見つけました。

車を路肩に止めて、倒木まで登っていくと、わたしはヘッドライトをつけて、倒木のすぐわきにしゃがみ込みました。

照葉樹林の生い茂る亜熱帯や熱帯の林床は、想像以上に薄暗く、懐中電灯をつけないと、昼間でも詳細がわかりません。

ヘッドライトの明かりで倒木の幹を照らすと、下面には白い菌糸がモチのように広がり、その上に小さなカスミカメが無数にたかっています。オキナワツヤキノコカスミカメです。試しに彼らの上に手を伸ばすと、全員がその手から逃れようと、さささーと波のように動きます。右へ動かせば左へ。左に動かせば右へ。

ヘッドライトをさらに近づけて、その波を見つめているうちに、不思議なことに気がつきました。

どのオス成虫もみな、自分より大きなメスの終齢幼虫の背中にしがみついているのです。

一匹の例外もなく、しがみついています。はじめは、メスの幼虫と交尾しているのかとも思ったのですが、その後、安永智秀さんの詳しい観察によって、オス成虫は、じきに羽化してくるメスを確保していることがわかりました。

交尾目的でメスの幼虫を確保しておくのは、なにも本種に限ったことではありません。ホコリダニの一種では、オス成虫が若いメスを背負って世話をし、メスが成虫になったとたんに交尾します。もちろんヒトでも見られるのは、源氏物語などを読めばすぐにわかります。

それを気持ち悪いと思うか、犯罪であると思うか、あるいは、なんとめんどくさいことであると思うか、その判断は時代や個人によって変わってきます。

おもしろいのは、メス幼虫の背中に乗っているオスの小ささです。体積でいえば、メス幼虫の3分の1もありません。

チョウチンアンコウは、複数の小さなオスがメスに寄生しますが、やがてオスは目も口も退化して、最後には生殖器だけになってしまいます。

ヒトのオスだって将来、未成年のメスの背中に乗ってメスを確保するという戦略を採用するようになったら、ネズミくらいの大きさにまで縮んでしまうかもしれません。

＊

繁殖様式の話になったので、ヒトの繁殖様式について、もう少し想像をめぐらせてみましょう。

もしも、ヒトがカタツムリやミミズのように雌雄同体であったなら、ヒト社会のありさまは今日とはまったく異なるものとなっていたでしょう。

第一に、性による差別は存在しなくなります。第二に、どの個体も男女に分かれていたときより、はるかにお互いを理解しやすくなります。

性淘汰（異性獲得をめぐる進化。ヒトのオスが自らを誇示するのも性淘汰の産物です）はなくなり、戦争もなくなるかもしれません。

あるいはまた、ヒトという生物種の繁殖様式が、「オスが配偶子を風でばらまく」というようなものであったなら、ヒトという生物種の歴史はどうなっていたでしょう。

男たちはただひたすら空中に配偶子をばらまく快感に熱中し、女そのものには無関心となり、セクハラもなくなっていたかもしれません。

オキナワツヤキノコカスミカメ *Yamatofulvius laevigatus*（カスミカメムシ科）。オス（上）の体長は約2・3ミリ、メス（下）の体長は約4ミリ。沖縄本島特産。高井幹夫氏撮影。

ササの茎の中に住むカメムシ

秋も終わりに近いある日のこと、妻と一緒に茨城県北部へ採集を兼ねたハイキングに出かけました。

オオチャイロヒラタカメムシやボタンヅルグンバイなどの珍しいカメムシを採集したわたしは、きょうはもうこれで十分と思い、午後の早いうちに山を下りることにしました。そして麓にまで下りてきたところで、ふとアズマネザサの藪が目に入りました。よく見ると、道のわきの吹きだまりでは、ササの落ち葉が山盛りになっています。わたしはザックから篩を取り出し、さっそく叩き網の上でササの落ち葉を篩ってみました。すると、ハネカクシやアリヅカムシに混じって、黒くて細長い、左右対称のものが落ちてきました。つまみあげてルーペでのぞくと、コバネナガカメムシの死骸です。でも、当時わたしが見たことのあるコバネナガカメムシ科の地味な種とは、雰囲気がまったく異なっていました。

大型なうえに、美しい黄色い斑紋がついています。

帰宅してから高井さんに連絡をとると、それはコガシラコバネナガカメムシという珍

アズマネザサの茎の中に入っているコガシラコバネナガカメムシの成虫（コバネナガカメムシ科）。体長約8ミリ。高井幹夫氏撮影。

しいカメムシで、ササの茎の内部に住んでいるそうです。なんとか生きた個体が欲しいとのことだったので、数日後、私は再び同じ場所を訪れました。

まずは、剪定ばさみを使ってササの茎を次々と見境なく割っていきましたが、10本ほど割ったところで、あっさりと諦めてしまいました。生きた茎にせよ、枯れた茎にせよ、こんな堅い茎の中にカメムシが潜り込めるわけがありません。

少し考えてから、今度は途中で折れているササの茎を割ってみました。案の定、折れた節の底からコガシラコバネナガカメムシの死骸が出てきました。喜んだ私はさらに別の折れた茎を割ってみました。やはりそこにも本種の死骸が見つかりました。で

幼虫は体が白い。高井幹夫氏撮影。

も、生きている個体は一頭も現れません。

あちこち歩き回っているうちに、ひびが入りいまにも折れそうな一本の茎が目に入りました。まだ青々としています。割ってみると、中からシロアリがわらわらとあふれ出てきました。うわあ、と思った瞬間、続けて黒く細長い虫が現れました。離そうとした茎を再び握りしめてよく見ると、コガシラコバネナガカメムシの成虫です。シロアリと思ったのは幼虫でした。

それにしても、折れかけの茎というのは微妙です。どうなっているのだろうと思って、割った節をよく調べてみると、穴が開いています。この穴から茎の中に入ったものと思われます。何が開けた穴なのかはわかりませんでしたが、その後、ヤガなど竹の害虫が開けたらしいことが、文献を調べているうちにわかってきました。コガシラコバネナガカメムシは、竹を加害する虫が開けた穴を利用して繁殖しているのです。

生きたコガシラコバネナガカメムシの成幼虫は手に入りました。それらを高井さんに送ると、私はすっかり荷が下りたような気がして、このカメムシのこともじき忘れてしまいました。

翌年の5月、晴れた暖かい日のことでした。私は近所にあるクリーンセンターへ粗大ゴミを捨てに行きました。その帰り際、ふと思いついて、センターの近くにある放棄水田で虫を探してみました。ヨシやガマが茂り、いかにも虫がいそうな気がしたのです。採集用具はいつも車に積んであります。

するとまったく予期しなかったことに、草の上にとまっているコガシラコバネナガカメムシの成虫をあっという間に20頭あまりも発見しました。北茨城まで行って苦労して探した虫が、わが家の近くに生息していたのを知り、わたしは驚きました。あらためて眺めてみると、放棄水田のわきにはアズマネザサがびっしりと生えています。

コバネナガカメムシ科において生態がわかっている種は、コガシラコバネナガカメムシを除いてすべて、イネ科などの単子葉植物の表面で生活しています。葉と茎の隙間に潜り込んでいる種もいますが、茎の中での繁殖が知られているのは本種のみです。

タケ・ササ類の表面に生息していた種が、他の生物が開けた穴を利用する方向へと進化したものがコガシラコバネナガカメムシかもしれません。

ササの茎の中で生活する利点としては、穴に入ってこられないような大型の天敵を回避できることや、暴風雨などの気象災害の影響を受けにくいことがあげられます。

そしてこの2点こそ、昆虫にとっては最大の脅威です。その点でササの茎の中に住むことは、私たちが家屋の中に住むのと同じように、コガシラコバネナガカメムシの生存にとってはきわめて有利に働きます。

唯一の問題は、都合よく穴の開いた茎が見つかるかどうかでしょう。

コバネナガカメムシの仲間は一般に、短翅型と長翅型の2つのタイプがあります。繁殖に専念できる場所では翅をつくらず、そのエネルギーを産卵に振り向けます。そして、密度が高まってくると、長翅型が出てきて生息場所を変えるのです。

ところが、コガシラコバネナガカメムシでは長翅型しか見つかりません。狭いササの節の中では、1回の産卵であっという間に虫でいっぱいになってしまいます。そのため、繁殖した幼虫はすべて長翅型になり、茎を飛び出していくのでしょう。でももし、モウソウチクなどの太いタケの中で繁殖するなら、短翅型も出てくるのかもしれません（モ

茎の中に産みつけられた卵。高井幹夫氏撮影。

ウソウチクはめったやたらには切れないので、まだ調査はしていません)。

本種はもともと、神奈川県で採集された個体を元に新種として記載されました。

学名は *Pirkimerus japonicus*。

漆黒のスリムな体に、美しい黄の帯を配し、地味な種の多いコバネナガカメムシのなかにあって異例ともいえる美麗種でした。

本種は長い間、関東地方およびその周辺部でしか記録がありませんでした。立派な翅をもち、しかも長翅型しか出現しないような種が、なぜ関東地方にしか分布していないのか?

その答えとして、近年になって本種がどこかよその国から人為的に関東へ持ち込まれたと考えれば、戦後になっての発見も含めてつじつまが合います。その点を国立科学博物館の友国雅章さんにお伺いしたところ、「私もそう思う。長谷川仁さん（北海道を中心に活躍した昆虫学者）も以前にどこかでそのようなことを書いておられた」とのことでした。

実際、中国の図鑑には、本種がタケの害虫として載っています。〝*japonicus*（日本の）〟という名前がついていながら、本種の真の原産地は中国で、おそらくは明治以降になってから、中国から輸入されたササなどについて関東地方に侵入したものに違いありません。

先に述べたアズマカスミカメなども、同じような経緯で関東地方に侵入してきたのではないでしょうか。どちらも、アズマネザサをホストとしています。

コガシラコバネナガカメムシは現在、東北や西日本にも徐々に分布を広げています。そのうち、日本中のあちこちで見られるようになるでしょう。

身近にコガシラコバネナガカメムシが生息しているかどうかを確かめる簡単な方法があります。冬のうちに太め（外径1センチ以上）のササの茎に、キリで直径4ミリ程度の穴を貫通させておくのです。そうして初夏になったころに穴を開けた茎を割ってみると、もし分布しているのなら、その茎の中で繁殖が始まっています。

野外で成虫を見つけるのは難しくても、この方法を使えば、簡単に本種の生息の有無を確認することができます。

4

カメムシを探しながら巡った土地で

カメムシをはじめとするさまざまな昆虫を探しながら、これまでたくさんの土地を訪れてきました。最初は国内だけに限られていましたが、しだいに海外での調査にも参加するようになりました。

採集に出かけて、もし採集した虫のことしか頭に残らなかったら、それはとても残念なことです。

本書の後半では、わたしが採集旅行のなかで出会った人々やできごとについて、ほんの少し、ご紹介します。

これから虫について学びはじめようとする若い人たちも、虫採りだけでなく、出かける先々で現地の人々と積極的に交流し、その土地の自然や社会、歴史についても、多くを学んでほしいと願わずにはいられません。

タイ

ソンブンさん

ソンブンさんと奥さん。ソンブンさんは村の顔役です。山の斜面を切り開いてお茶の栽培を指導し、高級茶をヨーロッパに輸出するまでになりました。同時に村をエコツアーの拠点にし、いまでは多くの外国人観光客を集めています。

チェンライの山奥に住むソンブンさんは、わたしの虫採りの師匠です。

わたしが初めてソンブンさんの家に泊まったのは、もうずいぶん昔のことです。

国道から枝分かれした悪路の山道を何時間も運転し、ようやくたどり着いた小さな谷間の村に、ソンブンさんの家はありました。

家は他の家々と同じく、村人手づくりの木造です。

タイとはいえ山間部の夜は、ときに震

灯火に飛来したカメムシ科の一種（タイ）。日本の対馬にも近縁種ツシマオオカメムシが生息しています。

えるほど気温が下がります。

夜になるとソンブンさん一家とわたしは、むしろを敷いた床の上に座り、毛布を体に巻きつけながらテレビを見るのでした。

見るのは決まって、大都会バンコクでのおしゃれなラブストーリーか、あるいは未来世界での冒険活劇です。

薪で飯を炊き、庭のにわとりをつぶして食べるようなこの村の生活と比べたら別世界のお話です。

それでも、テレビを見ているあいだだけはそんなこともすっかり忘れて、たしかにわたしたちは大都会に住み、宇宙を飛び回っていたのでした。

バナナ

日本のスーパーなどで売られている食用バナナは三倍体のため、タネができません。でも外国へ行くと、いまでもたまにタネをもったバナナに遭遇します。タイではバナナは生食するだけでなく、焼いたり、揚げたり、乾燥させたり、いろいろな食べ方があります。

ある日、ソンブンさんの家でバナナが出ました。

さっそく皮をむいて、あむっ、と食いつくと、こり、となにかが歯に当たりました。なんだろう。

口から出すと黒い小石です。手の平に載せたその小石をよく見てみると、なんとそれはバナナのタネでした。

わたしは目を丸くして、そのタネをソンブンさんに見せました。

「見てください！　タネですよ！　バナナのタネ！」

ソンブンさんは、わたしがタネを不快

フサヒゲサシガメの一種（タイ）。高井幹夫氏撮影。アリを専門に捕食しています。日本にもこの仲間がいますが、近年ほとんど見かけなくなりました。脚や触角にはたくさんの毛が生えています。

フサヒゲサシガメを腹側から見たところ。

料金受取人払郵便

牛込局承認

5337

差出有効期間
2024年11月13日
まで

（切手不要）

郵便はがき

1 6 2-8 7 9 0

東京都新宿区
岩戸町12レベッカビル
ベレ出版
読者カード係　行

お名前	年齢

ご住所　〒

電話番号	性別	ご職業

メールアドレス

個人情報は小社の読者サービス向上のために活用させていただきます。

ご購読ありがとうございました。ご意見、ご感想をお聞かせください。

● ご購入された書籍

● ご意見、ご感想

● 図書目録の送付を　□ 希望する　□ 希望しない

ご協力ありがとうございました。
小社の新刊などの情報が届くメールマガジンをご希望される方は、
小社ホームページ（https://www.beret.co.jp/）からご登録くださいませ。

に思ったと勘違いして、「ここのバナナにはタネがあるんだ。タネは捨てちゃってくれ」と申し訳なさそうにそう言います。

「いや、そうじゃないんです！」

日本のスーパーでバナナを１００万円分買って食べたって、発芽力のあるタネなんか絶対に見つかりません。

バナナのタネに驚喜するわたしの顔を、ソンブンさんは相変わらず困ったような顔で見つめるのでした。

ヒル

もしもヒトの血が透明で、なおかつ水のようにさらさらとした流動性をもつものであったなら、世の中の仕組みはいまとはだいぶ異なるものとなっていたかもしれません。なによりも、わたしたちは血と水を区別できず、血というものへの激しい恐怖感をもたなかったに違いありません。

血が赤く、そして粘つくのは、個体が死から逃れるための、ＤＮＡによって仕組まれた演出ではないだろうか。

わたしはときどきそう思うことがあるのです。

＊

山での採集を終えて、ソンブンさんの家に戻ってくると、まずは水浴び場に入ってそそくさと服を脱ぎ、あちこちについているヒルを体から引きはがします。

首筋や足首周辺には、とくにたくさんついています。取りついたばかりの細長いものから、血を吸ってパンパンにふくれあがったものまで、いろいろなサイズのヒルがついています。それらを一匹ずつ引きはがしては、手持ちの小さなカッターナイフで半分に切って、コンク

ヤマビル。どんなに注意していても、山ではヒルにたかられてしまいます。はっと気がつくと、足元一面にヒルがゆらゆらと揺れていることもあります。ヒル以外にもカ、ヌカカ、ダニなど、体が痒くなる生き物がたくさん生息しています。家の中にはナンキンムシがいますが、ナンキンムシはカメムシの仲間です（口絵7ページ）。

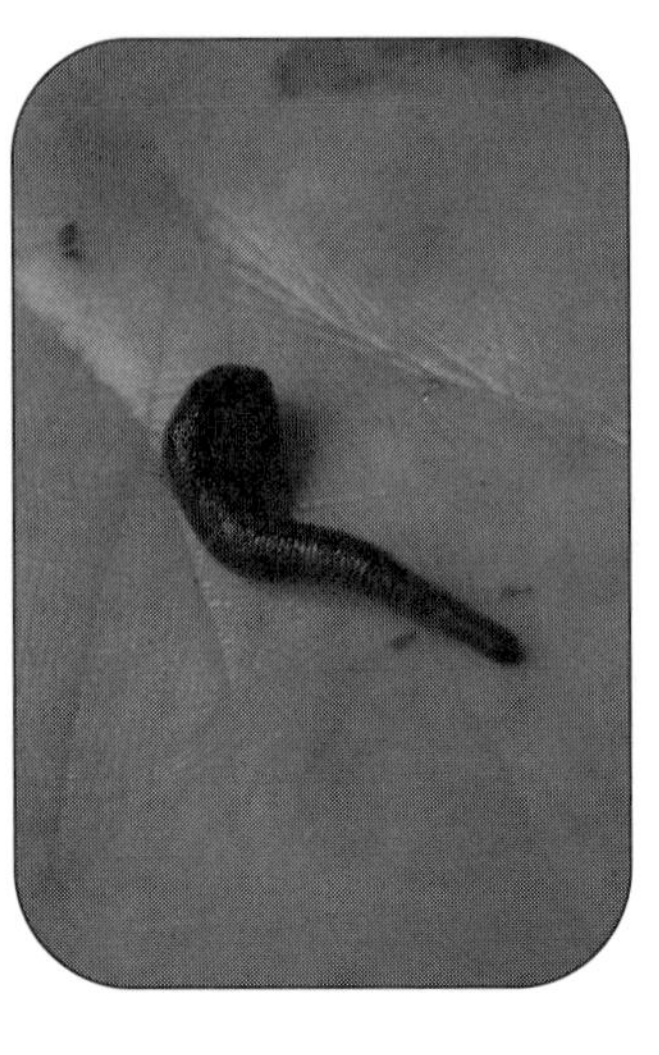

木彫りのカブトムシに乗る深石隆司さん。深石さんは、つる性植物モダマの分布についての世界的権威です。ソンブンさんの村で一緒にモダマを探したこともあります。四六時中熱帯の山のなかを駆け巡っている深石さんにとって、ヒルの吸血などは、カに血を吸われる程度のことでしかありません。

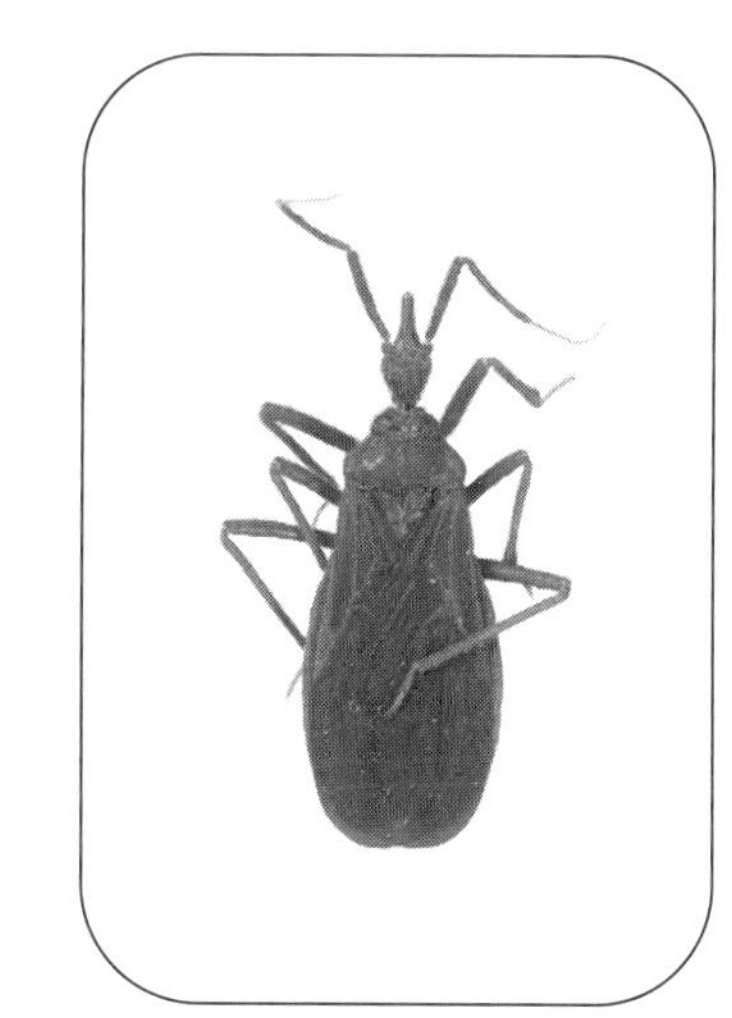

テングサシガメの一種（タイ）。南方系のサシガメで、落ち葉の中に生息しています。

リートの床の上に落とします。ただ丸めて放り投げただけでは、またたかられてしまいます。

真っ二つに切ったヒルは、血を流しながらどんどん縮み、それらをおけの水で排水溝に流しおえると、あらためて頭から水を浴びます。ヒルは血液が固まらないよう血液凝固を阻害する物質を出すので、吸い口から血は流れっぱなしです。

その血が水と一緒に足下の床にさーっと広がっていくのを眺めるのは、入浴時のわたしの楽しみのひとつでした。

バーン

会うたびに大きくなっていったバーン。もうじき高校生かもしれません。

ソンブンさんと奥さんのあいだには、女の子と男の子の2人の子どもがいます。

採集から戻って水を浴び、縁側で鳥肉のフライをつまみながら向かいの山を眺めていると、ソンブンさんの息子のバーンが小学校から帰ってきました。

以前はわたしと一緒によくゲームや宿題をしていたのに、中古のバイクを手に入れて以来、食事のとき以外はずっとバイクを乗り回しています。

「ただいま！」

そう言うとバーンは、わたしのわきにカバンを放り投げて、台所へ行き、パンをくわえてまた出ていこうとしました。

「ちょっと待ちなさい！」

サシガメの一種（タイ）。体の平たいこのタイプのサシガメは、枯れ木の樹皮下でよく見つかります。

わたしは食べかけのフライをわきに置いて、バーンの手をとりました。

「ちゃんと勉強してるのか？　お姉ちゃんを見習いなさい。勉強しないとろくな人間に……。」

そう言いながら、カバンを開けて中から教科書を出そうとしましたが、中に入っていたのは、空き缶と石ころだけです。

わたしが唖然としていると、バーンはさっとわたしの手をふりほどき、バイクにまたがって家を出ていってしまいました。

夕飯

ある日、ソンブン家の夕食に、栗ご飯ならぬ、マンゴーご飯のココナツミルクがけと、劇甘のういろう系お菓子が出ました。

それらが大きな皿の上に山盛りになっています。

お茶の時間のおやつではありません。

夕飯です。

一日中汗をかいて塩気が全部抜けてしまったわたしは、本当はがつんと塩の効いた炒め物が食べたかったのでした。あるいは、塩の塊だけでもよかったのです。

「うまいか?」

わたしの前にあぐらをかいたソンブンさんが、満面の笑みで尋ねます。

「はい、とてもおいしいです。」

わたしは、マンゴーご飯のココナツミルクがけを必死で飲み込みながら、そう答えました。

冷や汗が滝となって流れ出ます。

わたしがソンブンさんの村に通いはじめたころは、この大きな釜でお茶を蒸していました。いまでは村の中心部に大きな作業場を建てて、そこに村全体で収穫したお茶の葉を集め、ホワイトティーをつくっています。新芽の先だけを使った超高級茶で、主にヨーロッパに輸出しています。

ヒラタカメムシの一種（タイ）。日本のヒラタカメムシとは異なる、丸い特異な体型をしています。

汗ですっかり重くなったタオルで、ココナツミルクのネバりがついた口もとをぬぐったとき、わたしは全身に鳥肌が立つのをどうしても抑えることができませんでした。

ワンさん

台湾の友人ワン（王泰権）さんと一緒に、ソンブンさんのところに泊まったことがあります。

ワンさんは野菜が苦手なので、食事の際は、ワンさんの野菜をわたしがもらい、わたしの肉は全部ワンさんにあげます。

ワンさんは大量の焼き肉を口いっぱいにほおばり、さらに口のはしから鳥の骨までのぞかせて、グチャグチャと音を立てながら食べます。わたしはその様子を見ているうちに気持ちが悪くなってきました。

「おい、ちょっとは野菜も食えよ。」

わたしがそう言うと、ワンさんは口の中のものを全部飲み込む前に次の肉にむしゃぶりつきながら言いました。

「おれ、野菜ダメ。ぜんぜんダメだから。」

ある日のこと、

「ようやく出たよ！」

そう言って、便秘に悩んでいたワンさんが、ビニル袋を片手に部屋に入ってきました。袋の中には、いかにも不健康そうな、ワンさんの真っ黒い大便が入っています。ワンさんは糞虫の専門家なので、自分のウンコを餌に糞虫を集めようというのです。

わたしはとっさに、隙間だらけの壁板に体を押しつけました。

「それ、部屋の中に入れるのやめろよ！」

「なんで？」

「におうだろ！　鼻にツンツンくるよ！」

「うそ！」

そう言って、ワンさんはビニル袋に鼻を押しつけます。

「におわないよ！」

わたしは唖然としてワンさんを見ました。

「大丈夫かよ、鼻！」

「なんで？」

「だってにおうだろ、ふつう！」

「だからにおわないよ！」

ワンさんは、糞虫を採っていないときは、しょっちゅうスマホをいじっています。何

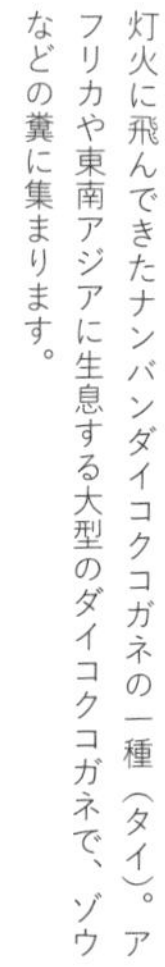

灯火に飛んできたナンバンダイコクコガネの一種（タイ）。アフリカや東南アジアに生息する大型のダイコクコガネで、ゾウなどの糞に集まります。

村の集会所の壁にかかっているヤマネコの毛皮。

度いじっても、通じないものは通じません。

「こんな山のなかでスマホが通じるかよ！」

「通じるよ、ふつう！」

「ここ、ふつうじゃないだろ！　台中の街なかじゃないんだぞ！」

「台中じゃないけど、通じるはずだよ！」

まるで針金細工のような、アシナガサシガメの一種（タイ）。

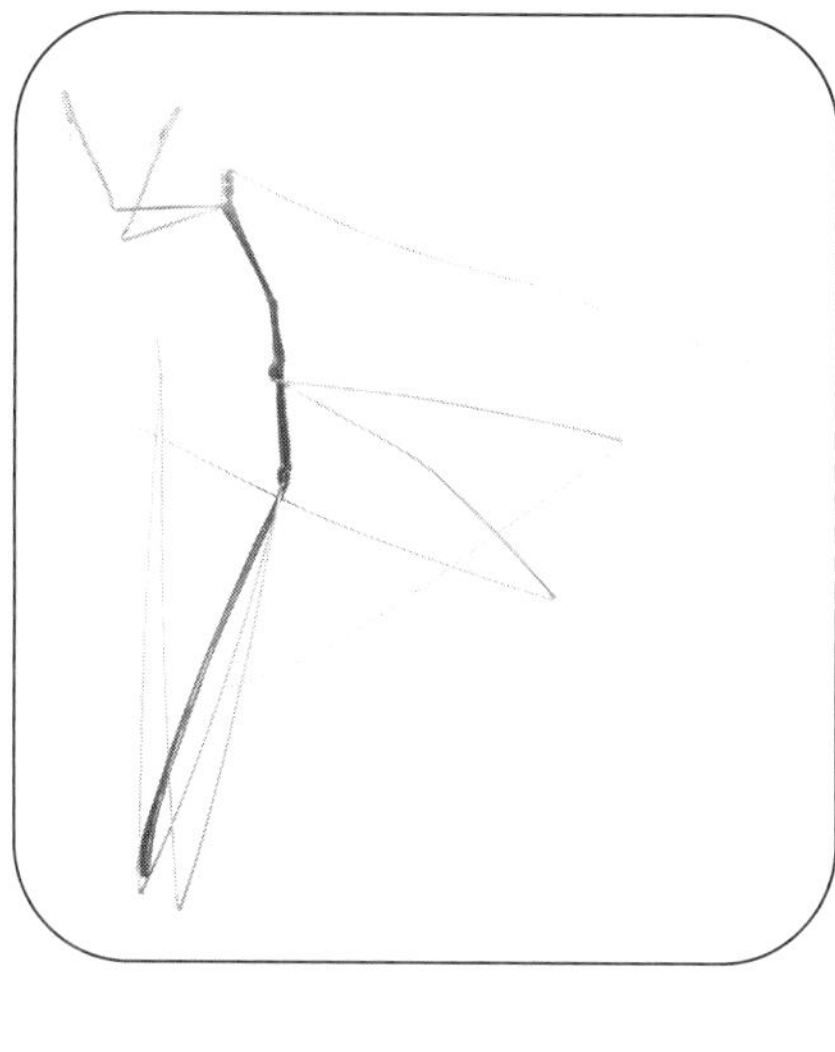

そう言ってあちこちの尾根に登っては、一日中、電波を探し回っているのです。

「そんなに大切な用事があるのかよ！」

「だって、誰かからメールが来てるかもしれないよ！」

「そんなもん来ないよ！」

「なんで？」

わたしはもうあきれてしまって、憤然と叩き網をつかむと、ワンさんに触らないよう遠回りをしながら部屋を出て行ったのでした。

トゲのあるつる

タイの大学と共同調査に出かけたときのことです。

それは、とりわけ暑い日でした。

わたしはギュウギュウ詰めの車の中には入らずに、後ろの荷台に突っ立って風を浴びていました。

ああ、やっぱり荷台は最高だなと思っていたら、車はいきなり国道から左へ折れ、乾いた赤土の灌木林の中へと入っていきました。突然のことで、わたしは相変わらず荷台の上に突っ立ったままです。

灌木林に入ってすぐ、大きなトゲのある何本ものつるが空中にぶら下がるようにして道を横断していました。

おや、このつるにはトゲがあるぞと思った瞬間、車はそのトゲだらけのつるの中に突っ込んでいきました。

つるはたちまちわたしの首に絡みつきましたが、何も知らない運転手はそのままつるの中を強引に突破していきます。

しまったな、と思ったときには、すでに手遅れでした。

振り返っていま通過してきた場所を見たとき、同じ荷台に座りこんでドリアンを食べていた男子学生と目が合いました。

クワガタムシが大好きなこの学生、バン君は、普段から言動にややオーバーなところ

翅の紋が美しい大型のゴキブリ。熱帯地方には美しい模様をもつ大小さまざまなゴキブリが数多く生息しています。

サソリモドキの一種。サソリに似ていますが、刺すことはありません。ただ、刺激すると、尾節の先端から強い酢酸臭の液体を噴射します。日本にも、アマミサソリモドキとタイワンサソリモドキの2種が生息しています。

ヒョウタンナガカメムシ科の一種（タイ）。日本産のヒョウタンナガカメムシとはずいぶんと体型が異なっています。

があります。

彼は、わたしの血まみれの首を見ると、食べかけのドリアンを手からぽろりと落とし、わたしを指さしながら、あたりにとどろくような悲鳴を上げたのでした。

コウモリの洞窟

昆虫学の先生が、コウモリを見せてあげるというので、ついていきました。

といっても、洞窟に入るわけではありません。なにせその巨大な洞窟の周辺には、コ

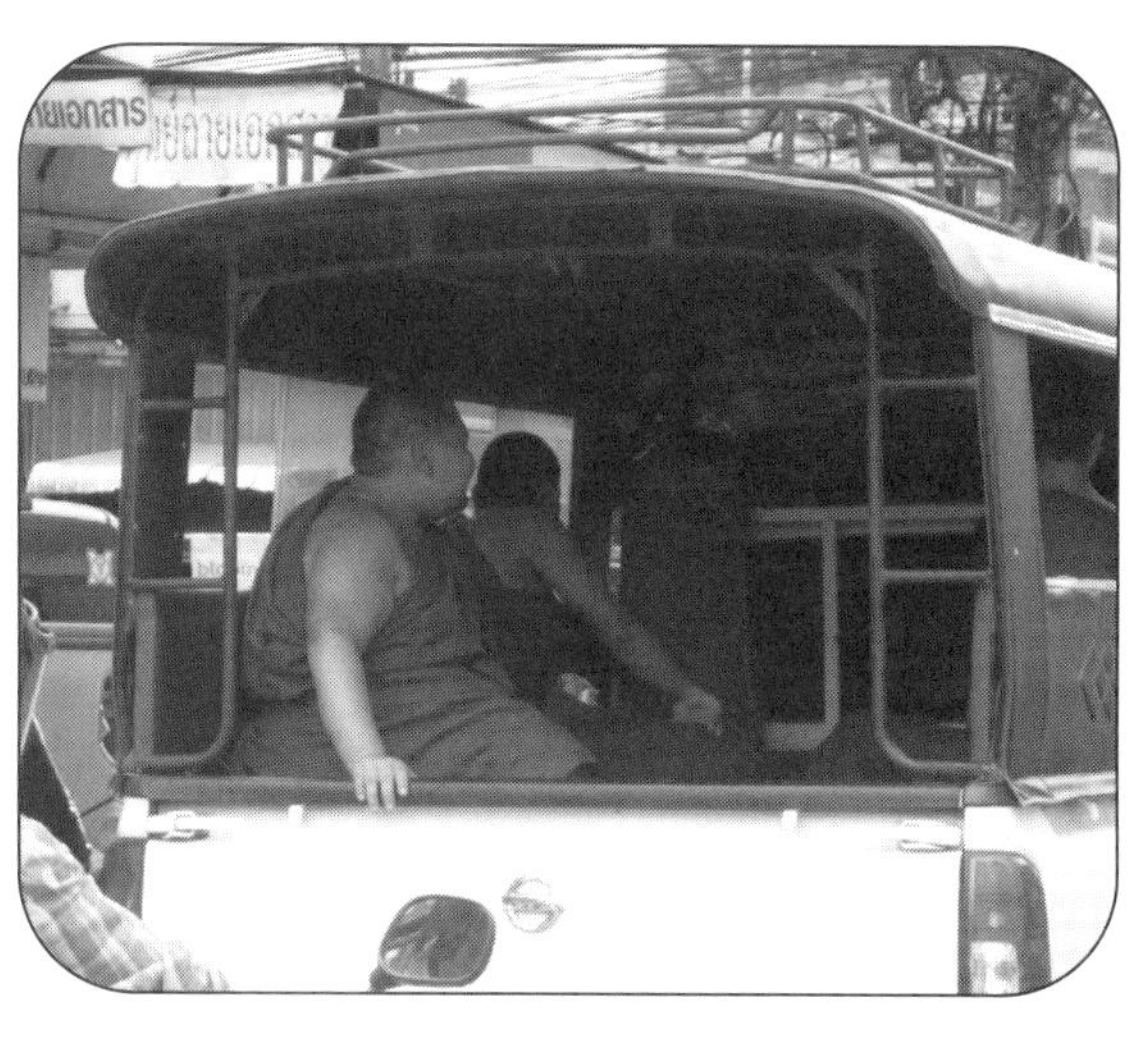

ソンテウ（乗り合いバス）に乗るタイのお坊さん。タイの仏教は上座部仏教で、一時的であれ、あるいは終身であれ、男は出家をすることを特徴とします。タイのスーパーではタンブン（お布施）のセットも売っています。

ウモリのウンコから出るアンモニア臭が強烈にただよっていて、たいていのことには平気なわたしですら近づくことができません。

わたしたちは夕方になるまで、洞窟から離れた場所で、お菓子を食べたり冷たいジュースを飲んだりして、おしゃべりをしていました。やがて雲が夕陽に赤く染まりはじめると、洞窟の中から待ちに待ったコウモリが飛び出してきました。

はじめのうちはパラパラだったのが、そのうちどんどん数を増し、あとからあとから途切れることなく飛び出してきます。まるで、洞窟が黒い釘をはき出しているようで、わたしは口を開けてその様子を眺めていました。

ハラビロトゲサシガメの仲間（タイ）。日本の西表島と沖縄本島にも近縁種が生息しています。夜間に見かけることが多いように思います。

わたしたちのすぐわきには、オレンジ色の袈裟（けさ）を着た若い太めのお坊さんが座っていました。頭を丸め、素足にビーサンを履いています。彼もこのコウモリを見学に来たに違いありませんが、いつ出てくるともわからないコウモリに退屈して、袈裟の中からスマホを取り出してゲームを始めていました。

コウモリの群れが巨大な帯となって地平線のかなたへと流れはじめても、お坊さんはスマホのゲームに熱中しています。

コウモリの群れは、わたしたちの上を絶えることのない川のように流れつづけます。それでもなお、お坊さんはゲームに熱中しています。

やがてコウモリを見るのにもあきてしまったわたしは、お坊さんのスマホをのぞき込みながら、一緒になって親指を動かしはじめたのでした。

落雷

タイではよくスコールがやってきます。騒々しい音とともに、あっちのほうから雨がやってきて、反対側へ通り過ぎていきます。過ぎ去ったあとは、またからりと晴れ上がります。スコールがやってきたら無理をせず、とりあえず屋根のある場所に避難してやり過ごしましょう。

街道沿いの食堂で、雨宿りをしながら、少し早い夕食をとることにしました。周囲に壁もない、トタン屋根だけの小さな食堂です。

「カレーありますか?」

「あるよ!」

小太りのおばちゃんの元気な声が返ってきました。

わたしは、隅にある冷蔵庫からコーラを取り出すとテーブルに座り、屋根の端から滝のように流れ落ちる雨を眺めながらコップに注ぎました。

左手のほうから、自転車の荷台に大き

カメムシ科の一種（タイ）。一見、ツノカメムシ科のカメムシにも似ています。

な荷物をくくりつけた男が、大雨のなかを傘もささずに、こちらへ向かってギシギシとこいできます。

いくら熱帯でも、こんな雨に打たれたら冷たいだろうと思ったその瞬間、なんの前触れもなくいきなり、「ビシャーン！」という大きな音があたりに鳴り響きました。

同時に、すぐ目の前の土手の生け垣から炎が立ち上がり、その炎が消えないうちに、土手の土と生け垣が一緒くたになって道路の上にザザーと崩れ落ちてきました。

わたしは席を立ってトタン屋根の端まで行き、激しく流れ落ちる雨のあいだから土手を眺めました。

崩れ落ちた土砂が、道路の半分近くを埋め尽くしています。

あっけにとられていると、食堂のおばちゃんがわたしの右腕にしがみついてきました。

「な、なに？　いまの！」

「雷ですよ。雷が落ちたんです。」

そう答えたのと同時に、がちゃがちゃと音がして、先ほどの自転車の男が自転車ごと食堂の中に飛び込んでくると、わたしのすぐ左脇に体を張りつけました。

真っ黒に日焼けした男の首筋には何本もの水流ができていて、その水流が薄汚れた黄色いTシャツの中にちょろちょろと流れ込んでいきます。

雷鳴とともにあたりの空気は震え、猛烈な雨はさらにいっそう強くなって、止む気配もありません。

イランイラン

毎年春になると、決まってタイ北部の小さな村に滞在しますが、その村にある池のわきを通り過ぎるたびに、強く妖しい香りが漂ってくるのがいつも気になっていました。けれども、調査で忙しくて、その香りの元をたずねることもなく、すでに何年も過ぎていました。

とうとうあるとき、わたしは一大決心をし、朝食を済ませるとすぐに池のわきへ行き、においをたよりにゆっくりと探索の範囲をせばめていきました。そして、長い時間をかけたあげく、とある大きな葉のかげに、薄緑色をした目立たない花が咲いているのを見つけました。

手を伸ばして花を引き寄せると、はたしてそれこそあの香りの正体です。わたしは手にした花をしばらくのあいだ眺めていましたが、やがてそのひとつを手折って近くの民家の庭先に入り、そこで老女の散髪をしている若い娘さんの前に差し出しました。

イランイランの花。東南アジアを中心に分布し、甘い香りをあたりにまき散らします。タイを代表する香りであるとともに、香水の原料としても使われています。

「これはもしかしてイランイランの花でしょうか？」

彼女はわたしの手の平の花を見つめるとにっこり笑い、頷きました。

植物が花の香りというものをつくり出したのには、それなりのわけがあります。その香りで昆虫を引き寄せ、蜜を与え、引き替えに花粉を媒介してもらうのです。

今日、香りの文化がヒト社会のなかで占

カメムシ科の一種（タイ産）。いかにもオレ様といった風情の大型のカメムシです。

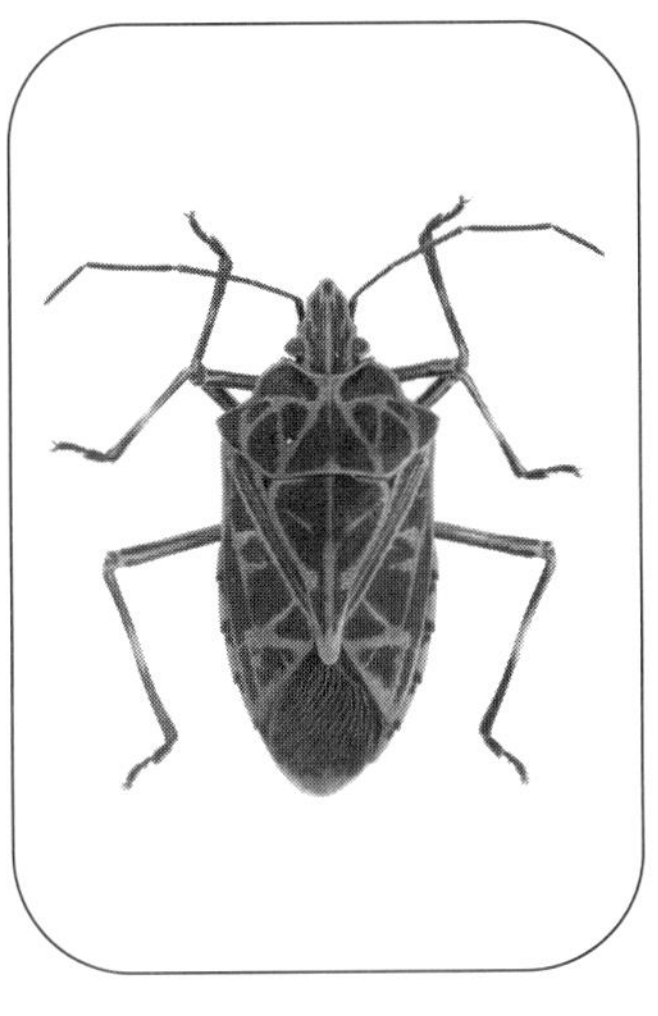

める役割は計り知れません。

太古の昔、一匹の虫が、進化によってつくり出されたばかりの香りに誘われて、ある小さな花を訪れました。

わたしたちに親しい香りをめぐる文化は、じつにその瞬間を起源として誕生したのです。

スマホ

ある日、木陰の食堂で昼飯を食べていると、隣に座っていたビワット先生が、ひょいとスマホを取り出して、お孫さんの写真を見せてくれました。

タケツトガ幼虫の素揚げ。タイは昆虫食が盛んで、とくに東北地方（イサーン）へ行くと、屋台にたくさんの昆虫食が並べられています。タケツトガやコオロギはたいへんおいしいのですが、サソリ（昆虫ではありませんが）は硬いだけで、あまりおいしいとは思えません。

わたしは麺をかき込みながら、その画面をのぞき込みました。

先生は「ほらね」と言って写真を大きくしたり、別の写真を魔法のように取り出してきたりで、わたしはすっかり驚いてしまいました。わたしは昔から大の電話嫌いで、当時はガラケーも持っていませんでした。

「これはいいよ。君も持ちなさい」と先生は言うのです。

「はあ、でも、使い方がたぶんわからないです。」

「そんなことはないよ。わたしだって使えるんだから。」

「でも、こんなもの、もしなくしでもしたら大変です。」

「いや大丈夫。とにかく便利なんだから。」

オオキンカメムシ。日本のオオキンカメムシと同種ですが、色彩はだいぶ異なります（口絵9ページ）。

先生はなおもお孫さんの写真を次々に見せてくれるのですが、わたしはやはり、自分がスマホを持つということをとても想像できませんでした。

その後、わたしもスマホを持つようになりました。でも使うのは長期の旅行に出るときだけで、一年の大半は部屋のすみに置きっ放しです。そして、旅行の際も、使うのはメールと電話とＧＰＳ機能だけで、それ以外の機能についてはいまだにちんぷんかんぷんです。

赤いマグマ

スイギュウの黒いウンコが、道ばたに落ちています。まるでパンケーキのようです。

タイではスイギュウがさまざまな用途に利用されていて、そのウンコも道ばたにたくさん落ちています。ウンコの内部や下には、数多くの糞虫がもぐり込んでいます。

そのパンケーキの下には赤土があります。巣穴を掘るべくパンケーキの下にもぐったダイコクコガネ（糞虫の一種）は、掘り出した赤土を黒いパンケーキの上に次々に押し上げていきます。

まるで、赤いマグマが黒い溶岩の下から吹き出しているみたいです。

わたしは叩き網を傍らに置くと、道のわきにしゃがみ込んで、地下からあふれ出てくる赤いマグマを、口を開けて眺めはじめました。

「すごい！　すごいぞこれは！」

こうして、しばらくのあいだ、もこもこと吹き出すマグマを眺めていましたが、ふと背後にヒトの気配を感じて振り向きました。

左はダイコクコガネの一種。右はノコギリカミキリの一種（タイ）。

オオアカカメムシ（タイ）。人面カメムシとも呼ばれる大型のカメムシです。沖縄で見つかったこともありますが、偶産種と考えられています。高井幹夫氏撮影。

サンダル履きのおじさんがすぐ後ろに立って、ニコニコ笑いながらわたしを見ています。むき出しのすねとサンダルには、乾いた泥がべっとりとこびりついています。

わたしは、いま自分が何をしているのか説明したほうがいいかどうか迷いましたが、「2キロほど先にもっと大きいウンコがあるから一緒に見に行こう」とか、めんどくさいことになりそうだったので、にっと笑うだけにして、またウンコを眺めはじめました。

やがて足がしびれだしてきても、おじさんは立ち去る気配がありません。足はしだいに感覚がなくなり、ウンコ汁にたかっていたたくさんのハエまでもが、いつの間にかわたしの顔に飛びうつり、口のわきを盛んになめはじめたのでした。

事故

宿で休んでいると、救急車の音が聞こえてきて、近所に止まりました。サンダルをつっかけて表へ出ると、左手のほうで人の声がします。

パタパタとそちらへ走っていくと、バイクと車が衝突したらしく、救急車のわきにバイクの青年が横たわっていました。幸い致命的な怪我ではないようで、救急隊員と笑顔で話をしています。

周囲には見物人が10人ほど集まっていましたが、そのなかにひとり、ひどく酔っ払っ

まるで枯れ葉のようなガ（タイ）。ガの仲間には枯れ葉に擬態したものがたくさんいます。このガは灯火に飛来しました。

これもまた、灯火に飛来したガです（タイ）。影がお化けに見えませんか？

ホシカメムシ科の一種（タイ）
上がメス。下がオス。オスの腹部は翅端を越えて伸び、体長は6センチほどにもなります。トウダイグサ科やアオイ科の植物に見られます。

たおじさんがいて、大声でまわりのヒトに事故の模様を説明しています。しかし、とにかくものすごく酔っ払っているのでろれつが回らず、みんな次第におじさんを敬遠しはじめました。

それがあんまりかわいそうなので、わたしだけ熱心におじさんの話に頷いていると、おじさんは冷たい手でわたしの腕をつかみ、何度も何度も同じ目撃談を繰り返すようになりました。しかたなくわたしも、その話に何度も何度も頷くのでした。

翌朝、宿の周囲を散歩していると、どこからか大声でヒトを呼ぶ声がしました。キョロキョロ見回すと、きのうのおじさんが魚捕りの網を持って川の中に突っ立っています。突っ立ちながら満面の笑みで、わたしのほうへ手を振り回しています。わたしも右手を大きく上げておじさんに振り返したのでした。

ゾウのウンコ

「日本人もけっこう来るんですか?」

そう聞くと、フロントのお姉さんは、「ううん、西洋人ばっかりよ」と答えました。日本人なんかいないほうがいいわ、妻がそう言うので、わたしたちはお姉さん推奨のゾウの観光施設に行くことにしました。

わたしたちが施設の事務所につくと、たしかにお客は西洋人ばかりです。

「うちはゾウと一緒に行動しますからね。」

そう言われて、事務所で貸してくれたヨレヨレの服に着替えることになりましたが、靴もできればサンダルに履き替えたほうがいい、でもサンダルは自前だと言うのです。

まわりを見回すと、20人あまりの西洋人は持参のサンダルに履き替えています。事務所の売店にもサンダルは売っていますが、街で買うよりもかなり高く、結局、妻だけサンダルを買い、わたしは裸足で歩くことにしました。

　こうして準備も整い、ゾウの群れの中へ踏み出したとたんに、わたしたちはいきなり彼らの総攻撃にあいました。ゾウの目当ては、観光客が持つカゴの中に入っているバナナです。みんなキャアキャア叫び声をあげてバナナを守ろうとするのですが、四方八方から伸びてくる力強いゾウの鼻には刃向かいようもありません。

「あー、ゾウの鼻ってすごかったねえ！」

　興奮したわたしたちは、今度はゾウの水浴び場に向かうことになりました。

　歩きながら妻とわたしはゾウに触りまくります。ヒト社会だったらセクハラでしょうが、ゾウはぜんぜん気にもしません。ぴたっと横について、ごわごわの肌に顔をすりつけても何も言いません。

　珍しいゾウハジラミでもいないものかと、わたしはゾウの肌に目をくっつけるようにして探したのですが、とうとう見つけることはできませんでした。

　さて、水浴び場までの道中、地面の上はゾウのウンコやとがった石、あるいはとげのある草に覆われています。素足のわたしは、最初のうちこそイテテ、イテテなどと言いながらウンコを避けて歩いていましたが、そのうち発想を変えて、大きなウンコの上を選んで歩くことにしました。

ゾウの鼻は、ヒトの手と同じ働きをします。その器用さと力強さには驚きます。

ハゴロモの一種（タイ）。ハゴロモもカメムシの仲間です。

カメムシ科の一種（タイ）。東南アジアなどに分布する大型のカメムシで、ライチやロンガンなどの害虫としても知られています。ものすごく大きな羽音を立てて飛びます。

ウンコはどれも柔らかく、そして温かく、わたしは自分の発見に有頂天になっていましたが、よく見ると、少し先を歩いている筋肉むきむきの若い西洋人のお父さんも、女の子を肩車しながら裸足でウンコの上を歩いています。

休憩のとき、芝生の上に座ってそのお父さんと話をしました。フィンランドの鉱山で働いているそうです。

「春が来て、その年初めての太陽が上がるときは、みんなで太陽がのぼってくるのを東の丘まで見に行くんだ。」

お父さんは体中を使って、駆け足をするまねをしました。

そのときわたしは、真っ暗闇のなかを、女の子を肩車しながら丘に向かって走っていくお父さんの姿が、たしかに見えたような気がしました。

小学校

ラフー族の小学校で。タイは多民族国家で、北部の山岳部にはカレン族、モン族、アカ族、ラフー族、ヤオ族、リス族などが住んでいます。

チェンマイ北部にある、少数民族ラフー族の小学校へ、古着を持っていくことにしました。妻が友人たちから集めたものです。

ところが、チェンマイ空港についたとたん、税関につかまってしまいました。係員はやる気満々のお姉さんで、大きな段ボール箱から次々と衣類を取り出しては「これはなによ！　正札がついてるじゃない！　それにみんな新品同様だし、あんた、全部売るつもりなんでしょ！」と机をばんばん叩きながら怒鳴ります。

ハチのような姿をしたガの仲間（タイ）。その色彩はラフー族の衣装とそっくりです。

後ろに並んでいるタイの人たちは、笑うでもなく怒るでもなく、ただだまってわたしたちのほうを見ています。

いくら小学校に寄付するものだと言っても「売るつもりね！」の一点張りです。激

ヘリカメムシ科の一種（タイ）。ヘリカメムシの仲間は臭いものが多いのですが、一部のヘリカメムシについては「青リンゴのようなにおいだ！」と言う人も（なかには）います。

しい口論を聞いてとうとう上司の男性が登場し、「じゃ、学校の受領書をもらってきてください」と言って、その場はなんとかおさまりました。

といっても、パスポートのコピーをばっちりとられたあげく、ものすごい顔つきでお姉さんに突き返されたのでした。

＊

小学校は山の上にあって、白壁の校舎には、山の斜面を削り取ってつくった小さな運動場もあります。校長先生はまだ若い男の人です。子どもたちは、黒や赤の刺繍で彩られた民族衣装を着て、恥ずかしそうにひしめき合いながら、遠い国から来た客を眺めています。

校長先生から古着に関する受領書にサインと印をもらうと、わたしは教室に入って、みんなに挨拶し、簡単な手品を見せました。子どもたちの目はわたしの手元に釘づけです。

挨拶を終え、教壇の上にそっと手品のキットを置いたとたん、子どもたちがわっと教壇へ駆け寄ってきました。

山刀

雨に濡れ、陶器の表面のようにテカテカに光った赤土の坂を登っていたわたしたちの車は、しだいにいやな音を立てて左右にスリップを始め、とうとう深いわだちの中へ斜めにはまって動かなくなりました。

こうなったら、神様だってお手上げです。

「待つしかないね!」

車を運転していたマニトさんは言いました。

何を待つのでしょう。

道路が乾くのを待つのか、虹が出るのを待つのか、日が暮れるのを待つのか、夕飯ができあがるのを待つのか、わたしにはわかりません。

しかたなく、車の周辺でカメムシを探しながら待っていると、やがて、藪の中からわくようにして村人たちがわらわらと現れはじめました。

それぞれ手に大きな山刀を持っています。車の板バネからつくったもので、一振りすれば、人間の首など簡単にふっ飛びそうなすぐれものです。

熱帯特有の赤土に雨が降ると、まるでガラスの上に油を撒いたように滑りやすくなります。雨のあとの山間部での運転には十分な注意が必要です。

彼らは車の下をちょいとのぞくと相談を始めました。そして、傍らにある竹を山刀ですぱんすぱんと切ると、とがった竹の先を車の下に差し込み、土をがんがんと削りはじめました。

わだちもなくなるくらいに土を削り取ると、彼らは運転席のマニトさんに合図しました。マニトさんが運転席に座ってエンジンをかけると、車はそろりそろりとまた動きはじめました。

お礼に500バーツを渡すと、村人たちの顔がぱあっと明るくなりました。これでたらふく酒が飲めるよ。そう言うと、彼らは手を上げて、あっという間にまた藪の中に消えていきました。

灯火に飛来したバッタの仲間。まるで葉っぱのようです。

キンカメムシ科の一種（タイ）。熱帯にはたくさんの種類のキンカメムシが生息しています。

チェンダオ山

タイ北部にある古都チェンマイから国道107号線を北上していくと、やがて前方に容貌怪異な山が姿を現します。

タイ王国第3位の高峰チェンダオ山、2225メートルです。この山に登るには、あらかじめ国立公園事務所に申し込み、ガイドとポーターを手配する必要があります。ソンブンさん宅に滞在したあと、わたしと妻は彼の車でチェンダオ山登山基地まで送ってもらいました。今回は調査ではなく、まったくの観光登山です。

麓の宿で一晩を過ごし、翌朝、国立公園の事務所へ行くと、建物の周囲はすでにタイの人たちでいっぱいでした。受付を終えると、わたしたちは指定されたピックアップトラックの後部座席にもぐり込みました。元気のいい若者たちは荷台に上がり、早くもおしゃべりに夢中です。

車は街なかから未舗装の山道に入り、徐々に高度を上げていきます。

やがて標高1000メートル付近に達すると、道路わきに小さな集落が現れました。かつてここには多くの人が住んでいました。彼らの収入源はアヘンの栽培でしたが、政府による取り締まりの強化にともない、大半が山を去りました。いまはごく少数の家族がミカン栽培をしながら細々と暮らしています。

チェンダオ山。標高 2225 メートル。

キャンプ地点まで荷物を運び上げる地元の若者。

いったいどの部族をまねたのかもわからない、意味不明な装束で登頂を目指す、バンコクから来たヒゲのお兄さん。

都会からやってきた仲良しグループ。話したいことがたくさんあって、いつまでたっても話が止まりません。

赤土の山道は降雨でえぐられ、車の揺れは次第に激しくなります。あんなにおしゃべりに夢中だった若者たちも、黙って荷台にしがみついています。

ようやく標高1400メートルにある登山道入り口に到着したころには、トラックに乗り込んでから1時間半あまりが経過していました。

ここから山頂までは標高差800メートル、水平距離8・5キロです。

入り口前の広場にはすでに10台以上のピックアップトラックが止まっていて、周囲には登山客がひしめいていました。ほぼ全員が、バンコクなどの大都会からやってきた20代の若者たちです。

映画俳優かと思うようなスレンダーな美男美女が、まるでデートでもしているかのような普段着でふざけあっています。

普段ハイキングや登山の習慣のないタイの人々にとって、チェンダオ山登山は生涯の一大イベントです。ただしそれは、あくまで都会の人間にとってで、農村の人間にとっては、チェンダオ山の山頂など何の魅力もない場所です。

たしかに、農村の若者もチェンダオ山に登ることは登ります。しかし、それはレクリエーションとしてではなく、登山者の荷物を運ぶポーターとしてです。巨大な荷を背負い、恵まれた美男美女を横目に、彼らは驚くべき早さで山道を駆け登っていきます。

駐車場からはガイドを先頭に15名のパーティーをつくって出発しましたが、都会の若者はたとえ空身でも、山道には慣れていません。いつの間にかわたしたちは他のメンバーをはるか後方に残したまま、2人だけでどんどん先へと進んでいました。

しばらくは松や落葉樹で構成された林の中を平坦な道が続きます。両側にはイネ科草が生い茂り、穂には種子がぎっしりと実っています。日本内地の風景にも似ていますが、ところどころで野生のバナナやゲットウの群落にも出会います。

右手には切り立った隆起石灰岩の岩峰が視界を圧するようにそびえています。その起源はかつて海底にあったサンゴや有孔虫です。

大昔、あの絶壁の周囲には色とりどりの魚が泳ぎ回り、ときには巨大な首長竜も、黒い影を浮かべながら遊泳していたに違いありません。

しばらくすると、下山してきた中年女性に出会いました。丸いメガネをかけ、汗が玉になって額から吹き出しています。彼女は、わたしたちを見ると興奮した様子でしゃべりはじめました。

「このすぐ先に、赤い花がひとつだけ咲いてるの。道の左側。」

そう言って彼女は後ろを振り返りました。

「ものすごく珍しい花なの。道の左側よ。見落とさないようにしてね！」

チェンダオ山の山頂。

彼女は、わたしたちに何度も念を押しました。

数十メートルほど先で、その花を見つけました。ツリフネソウ科の赤い花です。花はたくさんの人に見つめられ、写真まで撮られ、ややぐったりした風情で茎の先端からぶら下がっていました。

道は次第に上り坂となります。薄曇りで日差しは弱いとはいえ、風はなく、おまけに湿度があります。Tシャツはあっという間に汗でびしょ濡れになってしまいました。

途中、木陰に腰を下ろして昼食にしました。あらかじめもらった弁当は、定番のカオニャオ(炊いた餅米)と豚肉の炒め物です。

がしかし、問題はカオニャオの色です。なんと青い色で染めてあります。カオニャオは大好物でよく食べますが、青いカオニャオというのは初めてです。

　味は普段のカオニャオと変わりませんが、妻は気持ち悪がって半分以上残し、私は彼女の分まで腹に入れてしまいました。量が多いうえに、もともと腹持ちのよいカオニャオです。わたしは少し後悔しました。

　妻の後ろ姿を見ながら高度を上げていくと、やがて藪の中から人声がし、広いテント場に出ました。

　さまざまなサイズと色彩のテントがあちこちに張られています。驚いたことに売店まであります。

　缶ジュースやカップ麺などが並べられた台の奥には、迷彩服姿のレンジャーが立っていました。目を丸くして売店を眺めていると、そのイケイケ風の若いレンジャーがにっと笑いました。

「セブン・イレブンへようこそ！」

「オレンジジュースはおいくらですか？」

「1本35バーツっす！」

　2本買い、2人で一気に飲み干します。

　案内されたテントに余分な荷物を置き、懐中電灯や水筒などをひとつのザックに収めて、同じパーティーの若者たちの到着を待ちます。

ようやく彼らが到着したのは、わたしたちがキャンプ地に到着してから2時間ほどたってからでした。みんなヘロヘロです。

小休止のあと、ガイドのかけ声で再度整列し、わたしたちはそろって山頂へと向かいました。石灰岩の合間を縫う200メートルほどの直登です。

途中、登山道のわきに、太り気味の若い男性が困惑顔でたたずんでいました。

「この登りはぼくには無理かもしれません。」

「何言ってんの！　頂上はすぐそこでしょ！」

彼の背中を叩きます。

きょうチェンダオ山にいる登山者のなかで、異国人はわたしたち2人だけです。山頂にはすでに大勢の若者がいました。みな屈託のない笑顔で記念写真を撮っています。一方、キャンプ場では若いポーターたちが、冗談を言い合いながら、夕食の支度を始めています。

「タイ」とは「自由」という意味です。

人間は自由を求める一方で、ときには自由の重みに耐えかね、ようやく手に入れた自由を投げ捨ててしまうことすらあります。

自由とはなんでしょう。それは逆風のなかにあってなお、おのれの信じる道を歩きつづけることではないでしょうか
必要なのは夢や希望ではありません。

必要なのはただ、勇気と覚悟だけです。

苦しみのなかで強くなれ。そして歩きつづけろ。

若者たちの無邪気な顔を見つめながら、わたしは心のなかでそうつぶやいたのでした。

台湾

祠

藍艶秋先生（大雪山国家森林遊楽区にて）。環境教育の専門家。小柄ながらも熱いファイトの持ち主です。

「この森の中には、小さな祠がいくつかあります。原住民の神様の祠です。その前では必ず、こんなふうにしてお祈りをしてください。」

ラン（藍艶秋（ラン・イエン・チュー））先生はそう言って胸の前で手を合わせ、目を閉じて心持ち頭を下げました。

「わかりました。」

わたしは言いました。

「誰もいないように見えても、誰かが必ず見ています。人間かもしれませんし、神様

森の中で見かけたクワガタの一種（台湾）。

かもしれません。」

先生はそう言ってから、わたしの手帳に中国語で「高橋老師(ラオ・シー)は、台湾との共同研究で、この地域の昆虫を調査しています」と書き込んでくれました。手帳を受け取ると、わたしはひとりで草深い山道を分け入っていきました。

ひんやりとした霧が森の中を漂い、遠くのほうからは見知らぬ鳥の鳴き声が聞こえてきます。

やがて、山道のわきに祠が現れました。分厚いコケに覆われた、気をつけていないと見落としてしまいそうな、小さな石の祠です。

「お邪魔しています。」

わたしは手を胸の前で組み、ラン先生が

教えてくれたように、目を閉じて深々とおじぎをしました。

しばらくして目を開けると、わたしは再び霧の中へと入っていきました。

また、鳥が鳴きました。

顔を上げてその姿を探しましたが、森はあまりにも暗く、鳥の鳴き声だけが、深い霧の中から聞こえてくるばかりです。

どんぐりころころ

アフーさん一家が2年間、招聘(しょうへい)研究者として北海道大学に滞在することになりました。

アフーさんは台湾の新進カメムシ研究者です。

台湾の人といえば、台北付近の山がちょっと雪をかぶったくらいで大騒ぎをし、全力で押しかけていくほどの「雪恋しい」民族です。

案の定、北海道で過ごす初めての冬、フェイスブックには毎日のように雪の景色ばかりがアップされていました。大学の構内、札幌近郊、Vサイン。背景はどこもかしこも雪だらけです。

左から、奥さんのウェイさん、どんぐりちゃん、アフーさん、わたし。ウェイさんも環境研究の専門家です。

でも、2年目の冬になると、雪の写真はぐっと減って、温かい食べ物ばかりが載るようになりました。

台湾へ帰国したときには、心底ほっとしたに違いありません。

その証拠に、まもなく男の子が生まれました。

愛称はどんぐりちゃん。

あるとき、まだ赤ん坊だったどんぐりちゃんも一緒に、アフーさん一家と台湾国内を旅行したことがあります。車の中ではずっと、日本語の「どんぐりころころ」がかかりつづけていました。

このときの旅行でわたしが見つけた甲虫の新種には、*donguri* という種名がつきました。

台湾ではいまも、畳の敷かれた宿を見かけることがあります。ふとんの上に転がっているのはどんぐりちゃん（大雪山森林遊楽区にて）。

カメムシ科の一種（台湾）。日本にも、近縁のエビイロカメムシが生息しています。

毎年、どんぐりちゃんの写真が送られてきます。動物大好きな、ものすごく利発な男の子です。

スイギュウ

タイ同様に、スイギュウは台湾のあちこちでごく普通に見られ、さまざまな用途に使われています。一般的にはおとなしい動物ですが、去勢していないオスには近寄らないようにしましょう。

浜辺での採集を終えると、わたしは道路の向かい側にある林へ入ってみました。薄暗い湿った林で、地面にはスイギュウのウンコがたくさんちらばっています。しばらくのあいだ、林の中で虫を探していましたが、ふと振り返ると、いつの間にか海辺のほうからスイギュウの一団が林の中に入ってきていました。

先頭に立っているのは、タマつき（未去勢）の、見たこともないような巨大なオスで、左右に張り出した長い角をゆっくりと揺らしながらこちらへ近づいてきます。そして、その後ろには、メスと子牛の集団が

クチブトカメムシ亜科（カメムシ科）の一種（台湾）。高井幹夫氏撮影。
クチブトカメムシはいずれも捕食性で、ガやハチの幼虫など、小型の節足動物を補食します。

ぞろぞろと団子のようになってくっついてきていました。

しばらくして、わたしのにおいに気がついたオスは、その歩みをぴたりと止めました。次いで、用心深く頭を下げ、わたしのほうへにじり寄ってきます。後ろでは、メスや子牛たちが押し合いへし合いしながら、これから起こるであろう惨劇を期待を込めて眺めています。

非常にマズイ状況だなこれは、とわたしは思いました。

正面には殺気を帯びたスイギュウ。左手には密生した藪、後ろは石灰岩の高い壁です。ただ、右手少し先には川が流れていて、両岸は2メートルほどの高さの断崖となっていました。

オスを刺激しないよう、そろりそろりと断崖の淵まで移動すると、わたしは採集用具を下へ放り投げ、一気に崖を這い下りました。

続いて、すばやく採集道具を拾い上げると、後ろを振り返りもせずに、でこぼこの狭い川原を一気に下流へと走りました。

100メートルほどを駆け抜けて橋の上に這い上がり、スイギュウたちが追ってこないのを確かめると、わたしは道脇の石に腰をかけて、ほっとひと息つきました。

ちょっと危なかったかもな。そう思いながらザックから水筒を取り出していると、左手のほうからガタゴトと音を立てながら、ものすごいおんぼろトラックが走ってきました。わたしを見つけると、トラックは目の前でギギギギギーと大きなブレーキ音を立てて止まりました。

顔を上げると、運転席から真っ黒に日焼けしたおじさんが顔を出し、いきなり大声でわたしに向かって怒鳴りました。

「こんなところでなにしてんだっ！」

「は?」

「ここには気の荒いスイギュウがいるんだぞ！　早く乗れ！」

「へ?」

おじさんはトラックから出てくると、水筒をつかんだままのわたしを強引に助手席に押し込み、駆け足で運転席に戻ると、必死の形相でアクセルを踏み込みました。

動き出した車の中で、水筒の水を飲みながら林の中をのぞくと、木々の間を地響きを立てながら、こちらめがけて走ってくる大きなスイギュウの姿がちらりと見えたのでした。

鯉のぼり

ビンロウ（檳榔）の林。


ワンさんの車に乗ってみんなでおしゃべりをしながら山あいを走っていると、道脇のみずぼらしい農家の庭先に、古ぼけた鯉のぼりが一匹、上がっているのが見えました。

みんな虫採りの話に夢中で、気がついたのはわたしだけです。

はっとして振り返りましたが、車はすでにカーブを曲がり、農家も、そして鯉のぼりももう見えませんでした。

車の中は相変わらず虫の話で盛り上がっていて、ワンさんが大声で笑いながら「違うよ！」と怒鳴っています。

台湾の山は、日本の山に比べて非常に急峻で、その山肌を削るようにして道路や歩道がつけられています。

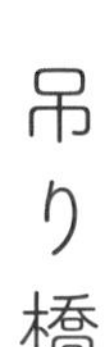

吊り橋

垂直の岩壁をノミで削り取ってつくった、人ひとりがようやく歩けるほどの杣道を歩いていくと、やがて対岸へと渡る長い吊り橋が現れました。

狭い板が2本のワイヤーの上に適当に乗っかっているだけの、高さ100メートル以上はある簡素な吊り橋です。

片手に叩き網を持ちながら、この橋の真ん中あたりまで進んだとき、ふと名案が浮かびました。

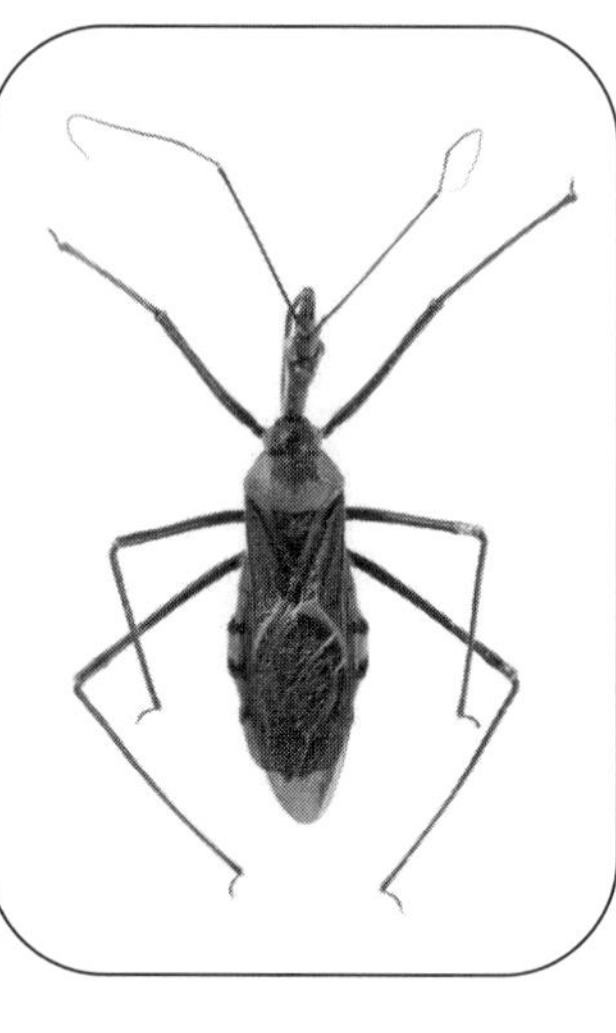

サシガメ科の一種（台湾）。細長い脚をもっています。

ここは見晴らしがよいから、ライトトラップをぶら下げたら、きっといろいろな虫が集まるに違いない。

わたしは、風で揺れる橋の上に注意深く座り込むと、トラップを組み立てはじめました。そして完成したトラップを橋の下にぶら下げると、ワイヤーをつかんで、再び狭い板の上に立ち上がりました。

とそのとき、ポケットにねじ込んであった鼻紙がぽろりと外へ転げ出ました。

あっ、と思って押さえようとしましたが、次の瞬間には板の隙間から下へ落ちていました。

ワイヤー越しにのぞくと、鼻紙は谷間を吹く風に乗って、上がったり下がったりを繰り返しながら、巨大な空間のなかを、まるで一輪の白い花のように落下していくのでした。

唱歌

わたしたちが泊まった、船の形をした民宿。

夕方、民宿の部屋でくつろいでいると、庭の隅にある小屋に明かりが灯りました。夕食の支度が始まったようです。

妻は小屋に入って調理を手伝いはじめ、わたしは民宿のご主人と話を始めました。やがて大量のごちそうができあがり、民宿の家族全員も集まってきて、大きなテーブルのまわりに座りました。

「どんどん食べてください。」

ご主人が言います。本来、宿に食事はついていないのですが、町まで行く車もないわたしたちを見て、家族と一緒の食事でもよければと誘ってくれたのでした。

みんなでご主人の小学校時代の思い出話に相づちを打っているうちに、「日本の歌が懐かしいなあ。まだ歌えるかなあ」、そう言ってご主人が歌いはじめました。軍歌でした。楽しそうに歌うその様子に、今度はわたしもお返しの歌を歌います。

そんなふうにして、家族の人たちともうち解けていくうち、突然、隅のほうで黙って座っていた奥さんが小さな声で歌いはじめました。

それにはわたしたちはもとより家族の人たちも驚き、テーブルが静まりかえりました。歌は学校唱歌のようです。それまで見せていた硬い表情もすっかり消え、「ちんちろりん、ちんちろりん」というところでは、体を左右に振りながら楽しそうに歌っています。初めて聞く歌でした。

歌い終わり、みんなから拍手が起こると、奥さんは恥ずかしいようなうれしいような顔をして、わたしたち2人にさらに食事を勧めるのでした。

2晩をお世話になり、出発の日の朝、一家の見送りを受けながら、わたしたちはバスに乗り込みました。バスが発車すると、ご主人と奥さんは道路の真ん中まで出てきて、去っていくわたしたちのほうを首を伸ばしながら、いつまでもいつまでも見送っていました。

背後に水墨画のような山々が迫る台東県樟原村大峰峰、台湾原住民アミ族の集落でのできごとです。

地震

墾丁国家公園管理事務所。さまざまな野外調査の拠点となっています。

墾丁（ケンティン）にある公園管理事務所の板張りの床で寝ていると、突如、建物がミシミシ、グラグラと揺れだしました。

台湾は地震が多く、地形が急峻なだけに、崖崩れも頻繁に起こります。わたしは目をつぶったまま「地震よ止まれ！」と何度も何度も繰り返しました。やがてこの真摯な祈りが天に通じたのか、長かった地震もとうとう止まりました。止まるとともに、わたしはすぐにまたイビキをかきながら夢のなかに落ち込んでいきました。

朝が来て、部屋の中が明るくなってきました。時間を確かめようと思い、傍らに置

カマキリの一種。亜熱帯や熱帯には、カラフルな色彩のカマキリが数多く生息しています。

いた小さな目覚まし時計のほうへ視線を向け、わたしはギョッとしました。

時計の向こう、すぐ手の届くところに、これまで見たことのないような大きな足の裏があります。寝袋に入ったまま、わたしは用心深くその足の裏を観察しました。

なんと立派な足の裏でしょう。

両肘を出して起き上がると、立派な体格の男が3人、寝袋にも入らず、床の上に転がっています。きのうの揺れは地震ではなく、この3人が入ってきたために床が揺れたのに違いありません。

顔を洗い、外を散歩して戻ってくると、3人はすでに起き上がって、ぼそぼそと話をしています。驚いたことに3人のうち1人は女性です。

この無愛想な3人の学生とは、その後すっかり仲良しになって、台湾へ行くたびに、一緒にあちこち調査旅行をすることになりました。

あるとき、なかでもとびきり大きなポンポン（彭彦豪さん）に「兵役、終わった？」と尋ねたことがあります。童顔の彼は下を向いて恥ずかしそうに小さな声で答えました。

「おれ、デブだから、兵隊さんには行きませんでした。」

そんな彼も、何年か前に結婚し、わたしは日本から夫婦茶碗を贈りました。

「阿敬さん、ありがとうございます。今度ぜひ、ぼくの家に遊びに来てください。」

そんな元気な手紙が、奥さんとツーショットの写真と一緒に送られてきました。

レンジフード

台東にある林業試験場の研修棟に泊まることになり、台湾ネイチャーフォトの第一人者ジャッキー（黄仕傑さん）が、お玉を片手に「きょうの夕飯はおれがチャーハンをつくるぞぉ！」と宣言しました。

外は先ほどから雷雨になっていますが、研修棟の中は笑い声であふれかえり、誰も雷など気にしません。

ジャッキーが秘伝のチャーハンづくりを実演しているわきでは、ポンポンがニコニコ

国立公園内の調査では、公務であることを示す標識を携帯します（笑顔がすてきなイケメン、呂文能（ルー・ウェン・ナン）さん）。

Vサインをしておどけるジャッキー。台湾を代表するネイチャーカメラマンのひとりです。手前はポンポン。ジャッキーの後ろに見えるレンジフードが落下しました。

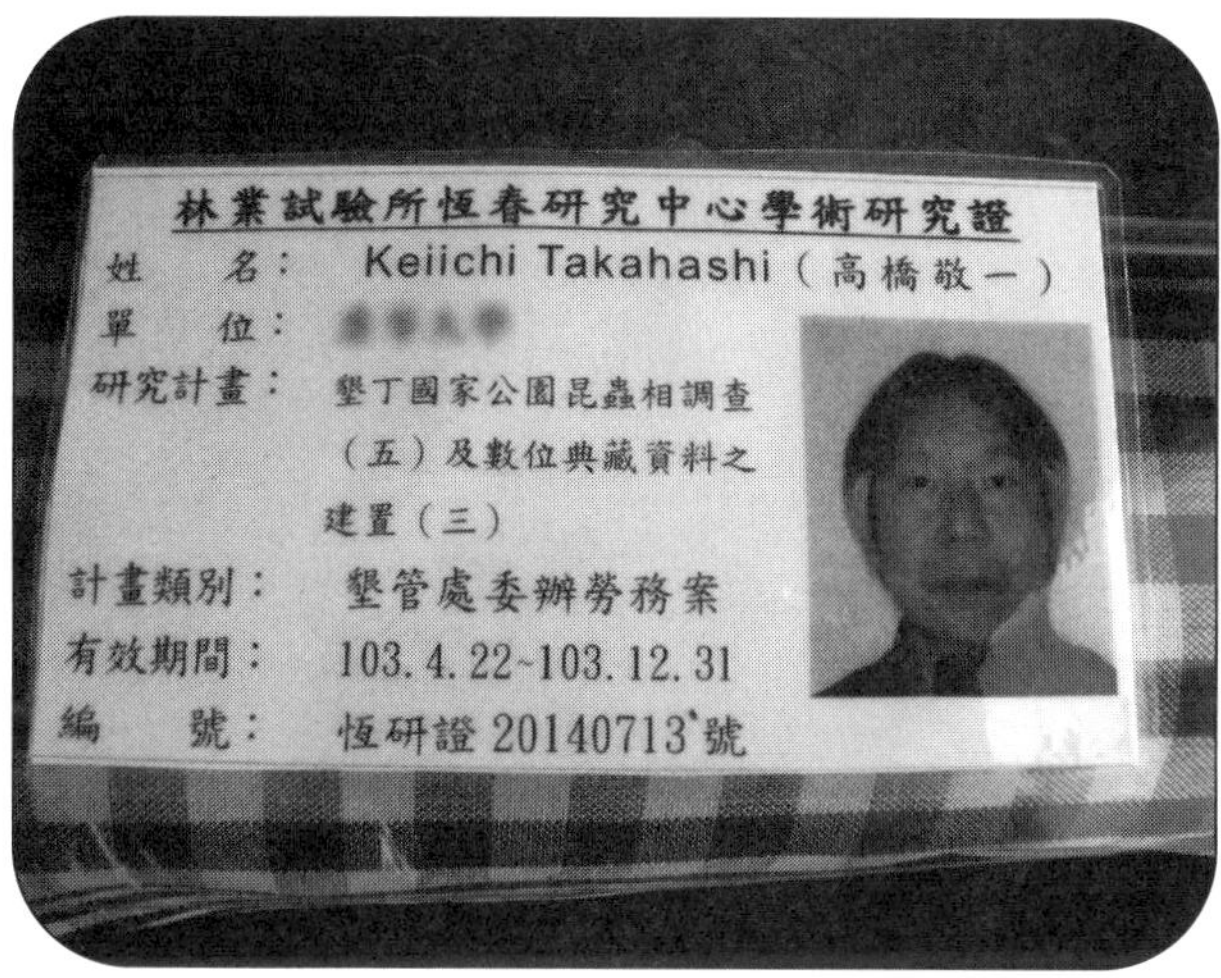
林業試驗所恆春研究中心學術研究證
姓　名：Keiichi Takahashi（高橋敬一）
單　位：
研究計畫：墾丁國家公園昆蟲相調查（五）及數位典藏資料之建置（三）
計畫類別：墾管處委辦勞務案
有效期間：103.4.22~103.12.31
編　號：恆研證20140713號

林業試験所恒春研究センター学術研究証。調査の際は、このような証明書を携帯します。

ジャッキーの著書のひとつ、『昆虫フェイスブック』（天下文化）。本書をはじめ、たくさんのすぐれた写真集を出版しています。

笑いながら、鍋のスープをかき回していました。

「そんで、次に加えるのは！」

ジャッキーがおどけた顔で叫んだとき、ガターン！　と大きな音がして、ポンポンのすぐ目の前にあった鉄製のレンジフードが壁からはがれて落下しました。

レンジフードは真下にあるスープの鍋を直撃し、さらにそのあたりのものを全部巻き込んで、ドガーン、とさらに巨大な音を立ててコンクリートの床に激突し、ひっくり返りました。

ジャッキーはお玉を振り上げたまま固まっています。

落雷の音があたりに鳴り響き、暑かった部屋の中が急にひんやりとしてきたのでした。

リャオさんのお尻

ジャッキーの友人で、やはりネイチャーカメラマンのリャオ（廖智安（リャオ・チ・アン））さんが、黄色と黒のシマシマのヤスデを探しています。

「これですか？」と言って、先ほどカメムシ探しのときに見つけたヤスデをあげると、

「これ！　これ！　これですよ！　ありがとう！」

ふくよかな体型のリャオさんは声を上げて喜びました。小柄な奥さんもそのわきで「よかったね」と笑っています。

亜熱帯から熱帯にかけては、大型のヤスデが多く、色彩もなかなかカラフルです。

ムカデの一種。ムカデもヤスデも、節足動物多足類に属していますが、ムカデの脚がひとつの体節から左右に1本ずつ出ているのに対し、ヤスデの脚はひとつの体節から左右に2本ずつ出ています。
ヤスデは噛みませんが、ムカデは噛みます。暖かい地方には大型のムカデがいるので、十分に注意しましょう。

カメムシ科の一種（台湾）。高井幹夫氏撮影。
カメムシ科に属するカメムシは食植性のものが多く、農作物の害虫として知られているものもたくさんいます。

その風景がじつによかったので、「ベニボシカミキリも欲しい」と言ったリャオさんに、すぐそこで採ったベニボシカミキリも持っていくと、「おお！」と目を丸くして喜んでくれ、奥さんも「わあ」と言ってくれました。

人に喜ばれるのはいいな、と思いながら、そういえばリャオさんは、珍しいカブリモドキも欲しいって言っていたなと思ったわたしは、もう少し先の枯れ木の中から見つけたカブリモドキを生かしたまま透明な容器に入れて、「はい、これも！」と言ってリャオさんにあげました。

リャオさんは、それを目の前に持ってきたまま絶句しています。

と、次の瞬間、奥さんは「あんたもう、しっかりしなさいよ！」と言って、リャオさんの大きなお尻を思いっきり、ベシッ！　と叩いたのでした。

鹿野忠雄

集落のなかから歌声が聞こえてきました。

音をたよりにしばらく行くと、公民館のような建物があって、庭先で台湾原住民（台湾では先住民をこう呼びます）の男女が歌っています。

わたしが門のところに立ってその様子を眺めていると、軽食の用意をしていたおばさんがわたしに気がつき、入ってきなさいと手招きをしました。

叩き網を閉じ、一礼して中へ入ったとき、高い歌声に混じって打楽器の演奏が始まりました。

わたしは、はっとしました。

鹿野忠雄（かのただお）という人がいます。

ホシカメムシ科の一種（台湾）。

台湾で活躍し、第二次世界大戦末期にボルネオで行方不明となった博物学者です。博物学の先駆者として、台湾ではいまでも非常に有名な人物です。

鹿野忠雄が生きていたころ、奥深い台湾の山中で、彼もまたこういう歌や打楽器の

葉の上に見つけたガの幼虫。ふさふさのコートを着ているようにも見えます。

音に日常的に接していたに違いありません。

壮絶な生と壮絶な死とが生活のなかにごく普通に存在し、誰もが生きるとはそういうことだと思って何の疑いももたなかったあの時代に、できれば自分も生きたかった。

彼らの歌声を聞きながら、わたしは無念でなりませんでした。

暴風

超大型の台風が来るというので、調査を中止してホテルで籠城となりました。

わたしがそう言うと、みんな、とんでもない、という顔をします。

「ちょっと大げさなんじゃないですか?」

そうか、そんなに大きな台風なんだ。

台風直撃の日、朝のまだ暗いうちからわたしは窓際に椅子を移動し、本を読みながら外の様子を観察していました。

台湾は看板の国といっていいほど、さまざまな種類の看板が建物のわきに取りつけられています。

飛んできた看板の直撃を受けた乗用車。道路にはさまざまなものが飛び散り、郊外の樹木はことごとく根元からなぎ倒されてしまいました。道路は冠水し、翌日訪問した大学の廊下も水浸しでした。

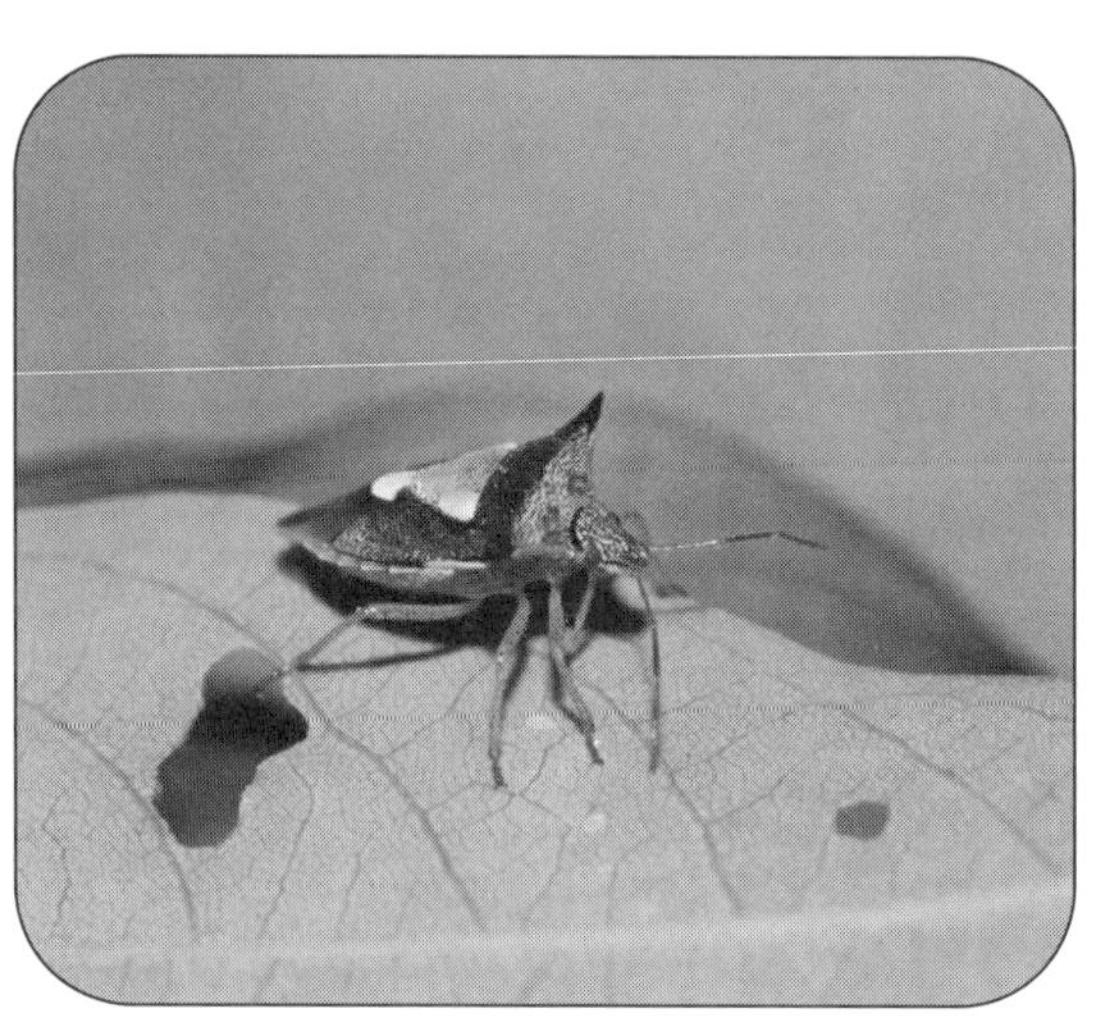
カメムシ科の一種（台湾）。高井幹夫氏撮影。わたしたちはヒトの視点から、これはよい虫とか、これは悪い虫とか区別をしますが、彼らは別にヒトのために存在しているわけではありませんし、もともと彼らのなかによい虫や悪い虫がいるわけでもありません。

周囲が明るくなるとともに風が強まってきて、やがて、あちこちの建物から小さな看板がはずれて、次々と宙を舞いはじめました。

さらに1時間ほどたって、通りの向かいにある特大の看板までもが引きはがされて、道路の上にドガーンと叩きつけられたとき、右手のほうからバイクに乗ったおじさんが走ってくるのが目に入りました。

おじさんは荒れ狂う嵐をものともせずに、ぷぷぷぷと走ってきましたが、大きな十字路にさしかかったときに横風をまともに受けて、ぱったりと転倒しました。

バイクはそのままクルクル回って歩道のへりまでいって止まりましたが、おじさんは道路に四つん這いになったまま動くことができません。

そこへ、正面方向から乗用車がのろのろと現れ、おじさんの真ん前でぴたりと止まりました。

四つん這いになったままのおじさんの上を、壊れた看板がまるで新聞紙のようにくしゃくしゃになって飛んでいきます。

車は止まったまま動く気配がありません。ホテルの建物が揺れ、風が猛烈なうなり声を上げて道路の上を吹き抜けていきます。

カンタロウ

カンタロウ

関子嶺（ガン・ズー・リン）温泉に泊まった翌日、妻とわたしはすぐ裏手の大凍山（ダー・ドン・シャン）に登ることにしました。

朝食を食べて歩きはじめると、まもなく右手の民家から白い小型犬が、吠えながら道に飛び出してきました。わたしたちを見たとたんに彼はピタッと鳴き止み、しっぽを振りながらわたしたちのにおいを嗅ぐと、山道を先導しはじめました。

民家からはおじいさんがしきりに「戻ってこい！」と叫んでいるのですが、犬は「きょうはこの人たちの案内をすることに決めました」という強い意思を表情に出しながら、わたしたちの先をさっさと歩いていきます。

時折、振り向いては、わたしたちがついてきているか確かめ、妻かわたしか、どちらかが遅れると、追いつくまで待っています。そして分岐点に来ると正しいほうの道へ入って、わたしたちがちゃんとついてくるか、また確かめるのです。

妻はこの犬にカンタロウという名前をつけました。

カンタロウはじつに賢い犬でした。わたしたちが何か言うと、じっと目を見つめ、聞き耳を立てます。

途中で出会った村の人が「お前、家に戻らなくちゃダメだろう」と言っても、「いま、案内中ですから」そう言ってわたしたちに歩くよう促します。下山のときも疲れていないか、顔をのぞき込んで確かめます。

こうして一日の案内を終えて自分の家の前まで戻ってくると、カンタロウはさようならも言わずに家の庭に飛び込んでいきました。

わたしたちはいまも時折、カンタロウの想い出話をするのです。

バイガエシ

丘の上でカメムシを探していると、騒々しい高校生の一団が、下のほうから登ってきました。

華奢な体つきの若い女の先生が引率していますが、ペースはすでに生徒たちに握られ、全体として制御不能になっています。

男子生徒のなかに不良っぽいのが何人かいて、めざとくわたしを見つけると、お、カモがいるぜ、みたいな顔をして、体をゆさゆさ揺らしながら、わたしのほうへ一直線に向かってきました。

「おっさん！　なにやってんの？」

「わたしですか？　台湾の大学と共同で虫の調査をしています。」

「あ、おっさん、もしかして日本人？」

「そうですが。」

「おっさん、バイガエシ、知ってる？」

「知らないわけないでしょう。一応、日本人ですからね。」

墾丁国家公園で出会った高校生と引率の先生。みんな明るく元気いっぱいです。

「おもしろいよね！　あの番組さあ！」

そこへ先生が来て、わたしに挨拶をしました。わたしは男子生徒たちに聞こえないように小さな声で言いました。

「元気のいい学生さんばかりで、世話がたいへんですね。」

「いえいえ、そんなことありません。みんなかわいい生徒たちですわ。」

先生はたいそう涼やかな顔で模範解答を返され、それからコロコロと笑われました。

しばらくベチャクチャとおしゃべりをしてから、「バイバーイ！」と手を振って彼らは去っていきました。

わたしも手を振り返しながら、去っていく先生の、いにしえの日本映画にでも出てきそうなその清楚な姿に、これから先の幸多きことを祈らずにはいられませんでした。

ホソツマジロカメムシ（台湾）。日本の八重山列島にも分布しています。

樹皮に溶け込むカマキリ。

イップ・マン

アフーさん、ワンさんと一緒に、山の尾根の上にある小さな集落に泊まりました。宿のテラスに立って眺めると、まことに景色がよいのですが、わたしたちの部屋は狭く、窓もありません。

そこにふとんを敷いて荷物を置き、３人でごろごろと転がっておしゃべりをしていましたが、やがてアフーさんが起き上がってテレビをつけました。

カンフー映画が放送されています。主人公がシリアスでかっこいいのに驚きました。

「この主人公、誰？」

「え、阿敬（アチン）さん知らないんですか。イップ・マンですよ。」

「誰、それ？」

「実在の人物です。ブルース・リーの先生ですね。」

「カンフー映画っていったら、ジャッキー・チェンしか知らなかった。」

「彼はむしろマイナーな存在だといっていいと思います。いまイップ・マンを演じているのは……。」

と、そこまでアフーさんが言ったとき、

「ちくしょお！　もうダメだあ！」

と大きな声がしました。ワンさんです。ふとんの上に寝転び、スマホをいじりながら、ちくしょう、を連発しています。

「で、イップ・マンを演じているのはドニー・イェンで、中国ではジャッキー・チェンなんかよりも……。」

「ああああああ、ちくしょう！」

ワンさん

ヨツモンオオホシカメムシ（台湾）。台湾では普通種ですが、日本では石垣島や西表島でごく稀に採集されるにすぎません。台湾での普通種も日本では大珍品です。

またワンさんが叫びます。アフーさんとわたしはあらためてワンさんを見ました。

「何やってんだよ！」

ワンさんは驚いた顔をして、わたしたちを見ました。

「え？　ゲームだけど。」

「もっと静かにやれよ！」

「なんで？」

「いま、テレビを見てるの！」

「え？　ほんと？」

がばっと起き上がったワンさんは、目の前のテレビを見て、「あ、イップ・マンだ」と驚いています。

映画を見終わると、わたしたちはテラスに出て、ワンさんの新しい彼女について、話を聞きながら、夕食をかき込んだのでした。

道路崩壊

梨山（リーシャン）まで来れば、尾根伝いに霧社（ウーシャ）までバスがあるだろうと思っていたら、そんなものはどこにもありませんでした。

どうしようと思っていると、宿のフロントの若い女性が「タクシーを頼みますか？」と聞きます。わたしは思い切り頷いてしまいました。

翌朝、ごく普通の自家用車がやってきました。白タクです。フロントの女性に手を振ってタクシーに乗り込み、やれやれと思ったのもつかの間、出発して数分で車は突然停止しました。

見れば、前方30メートルほどのところで道路が半分、谷底に落ちています。

そういえば、きのうの晩は大雨でした。運転手の林（リン）さんは車を降り、崩壊地点まで行って、崩れたところを丹念に調べています。

こりゃあダメねだと、わたしは妻に言いました。残っている部分も下が明らかにえぐれています。

林さんは戻ってくると、もぞもぞと座席に座り、ギアを入れました。てっきりバック

崩壊地点を調べる運転手の林さん。台湾の山岳部は急峻で、大雨による道路崩壊が頻繁に起こります。

アシヒダナメクジ（台湾）。殻をもたない巻き貝の一種です。体表は硬質で、触るとザラザラしています。

するものと思っていたら、なんと車はそろそろと前進を始めました。

胸のあたりがきゅっとしてきます。窓をいっぱいに開けて外をのぞくと、車はじきに崩壊地点にさしかかりました。見下ろすと、足の真下200メートルほどのところに川がきらきらと輝いていています。

タイヤの端と崩れた箇所の距離は、ほんの2センチほどです。

「見てごらん！　すごいよ！」

わたしはそう言って、隣に座っている妻を振り返りました。

妻はひざの上でこぶしをギュッとにぎりしめ、目をつぶったまま叫びました。

「あたしは見ない！」

「そんな！　ほんとにすごいよ！　日本じゃこんな経験、絶対にできないよ！」

わたしは写真を撮るのもすっかり忘れて、妻に負けないくらいこぶしをギュッとにぎりしめながら、足もとに広がる巨大な空間を見つめつづけていました。

怪獣

洗濯物の山をビニル袋に入れると、まだ薄暗いうちにホテルを出て、近くのコインランドリーに向かいました。

木造の小さなコインランドリーです。

洗濯物と洗剤をドラムに入れ、コインを投入し、中がぐるぐる回りだしたのを確かめると、わたしは表に置いてある古ぼけた木の椅子に腰をかけ、ヘッドライトの明かりで本を読みはじめました。

しばらくすると、遠くからオルゴールの音が近づいてきました。

「エリーゼのために」です。

ゆっくりとこちらへ向かってきますが、その音はバキバキに割れていて、闇に吠え叫ぶ咆哮にも似ています。いまにも路地裏から「エリーゼのために」とともに恐ろしい怪獣が現れてきそうで、背中がぞくぞくしてきました。

わたしは本を置き、待ちました。

やがて、あたりの空気を震わせながら怪獣は姿を現しました。

マルカメムシ科の一種（台湾）。高井幹夫氏撮影。マルカメムシの仲間はどれも丸い体型をしていて、発達した小楯板が腹部全体を覆っています。世界から530種ほどが知られています。

それは、全体を白いペンキで塗りたくった、巨大なゴミ収集車でした。ゴミを載せる荷台には小さな部屋がついていて、そこに男がひとり乗っています。

このゴミ収集車の出現とともに、ゴミ袋を両手に抱えた住民が四方八方からわらわらと飛び出してきました。彼らが荷台にいた男に袋を渡すと、男はその袋をえいやっと荷台のゴミの山の上に放り投げます。

目の前の大音響に唖然としながらも、わたしはその光景から目を離すことができませんでした。

付近一帯のゴミを腹に詰め込むと、怪獣は相変わらず「エリーゼのために」を絶叫しながら、ゆっくりと遠ざかっていきました。

調査へ出かけるときはいつも必ず、手づくりのてるてる坊主を持っていきます。学生さんのあいだで大人気です。

コバネナガカメムシの一種（台湾）。

先ほどまで押し合いへし合いしていた住民はひとり残らず消え失せ、周囲には再び静寂が訪れました。

大活劇の余韻のなかで明けはじめた空を見上げていると、スクーターに乗ったおっちゃんが目の前に現れました。足の間に大きなゴミ袋を2つ抱え込んでいます。

おっちゃんはわたしを見つけると、なにか大声でわめきましたが、わたしが収集車の消えていった方角を指さすと、「ありがとう！」そう叫んで走り去っていきました。

洗濯が終わると、洗濯物の入った大きなビニル袋を抱え、わたしは静まり返った街のなかを再びホテルへと戻っていったのでした。

夢

雪山（標高3886メートル）にある三六九山荘。

雪山（せつざん）の山小屋で夢を見ました。

わたしは、目も眩むような崖の上に、台湾原住民の少年と並んで座り、彼の語る狩りの話を聞いています。

入れ墨をした少年の体は筋肉で引き締まり、黒光りする長い髪は頭の後ろでぎっちりと結ばれています。

それだけではありません。

彼の右目の上には、真っ青な小さな五弁の花が咲き、その中心から黄色い雌しべが突き出ていたのです。

少年の話を聞きながらわたしは、その青い花から目をそらすことができませんでした。

集落へ戻ってから、同行のアフーさんに、あれは悪性の肉腫だから取ったほうがいい

台湾中央山脈の夜明け

サシガメ科の一種（台湾）。ハラビロトゲリシガメの仲間は世界から約35種が記載されています。体はやや扁平で、全身に瘤やとげを備えています。高井幹夫氏撮影。

と言ったのですが、アフーさんはわたしの顔を見て首を横に振りました。

「あれは神様のしるしです。取ることはできません。」

夢から覚めたわたしは、小用のために山小屋の外に出ました。

もうじき夜明けです。

わたしは小屋には戻らず、ベンチに座ったまま、星々が薄明のなかに消えていくのをずっと見つめつづけていました。

日本

西表島

石垣島に住んでいたころ、目の前にある西表島によく通いました。

西表島を構成する山々の標高はさほどではありませんが、内地の山とはだいぶ勝手が違っていて、慣れるには時間が必要でした。

一番の問題は、濃い樹冠に遮られて、森の中ではまったく展望がきかないことです。当時、位置を知ることのできるナビ機能のついた安価な機器は存在していませんでした。おまけに照葉樹林の密な樹冠のおかげで、林床にまで風が吹き込むことなど、めったにありません。樹冠の上を風が吹いているのに、地表はまったくの無風、サウナ状態です。脳みそが沸騰しそうな暑さのなかを、地図と磁石と五感を頼りに踏破していく以外、方法はありませんでした。

西表島の森を、人手のまったく入っていない原始の森と思い込んでいる人はたくさんいます。

けれども、森の中に入り込んでみると、ヒトの活動の跡や日用品の残骸に、人界を絶した山奥でいきなり出会ったりすることがしょっちゅうありました。

島の樹木は、古くは琉球王朝時代に建築材や船材として切り出され、近代に入ってからもパルプ材として伐採されつづけました。焼畑も行なわれていたようです。マングローブですら、建築や炭に使われてきました。おまけに西部には炭鉱までありました。そのうえ第二次大戦後には、マラリアを媒介する力の撲滅のため、ＤＤＴも散布されました。

現在の西表島は、ヒトがやってくる前の島とは別ものと考えたほうがいいのかもしれません。

しかし、わたしなどがいくらそう言ったところで、ほとんどの人は、西表島は貴重な手つかずの原始の森であると信じています。あちこちで「原始の島、西表」などと宣伝されているからです。

小笠原諸島も一度、ほとんどの森が開墾されて、サトウキビ畑となりました。いま父島や母島を覆う森は、そのあとに生えてきた二次林です。しかし、観光客は西表島同様に、目の前にある二次林を手つかずの原始の森であると、かたくなに信じ込んでいるようです。

たしかに、ヒトがやすやすとそう信じ込んでしまうほど、生命の回復力は大きいといえます。

伐採などで大きな変化を被っても、ヒトの手が撤退するだけで、たちまちのうちに再び多くの動植物が島を覆っていきます。

もちろん、それは昔の風景とは別ものではありますが、そもそも生命はこれまでも大量絶滅を何度も乗り越え、そのたびにまったく別の姿で復活してきたのです。

「元の自然」だって、そのひとつ前の自然とはぜんぜん異なるものだし、そう考えれば、いまの西表の風景などもまた、「正解の自然」のひとつと考えてもいいのかもしれません。

＊

十数年ぶりに西表島を訪れたときのことです。久しぶりに西表島の最高点、古見岳に登りました。

7度目の登頂です。

天気は悪く、ガスがびゅうびゅうと吹きつけてきます。リュウキュウチクに覆われた山頂は昔のままですが、いつの間にかそこには、ネズミをかたどった、ひと抱えほども

サガリバナ（サガリバナ科）。珍しいとはいっても、サガリバナ程度なら見つけようと思えば簡単に見つけられます。西表島であれどこであれ、これまでサガリバナなどよりもっと興味深いもの（野生のものも人工的なものも）に何度も出くわしてきましたが、それを正しく評価できる人物に出会うことは、きわめて稀でした。

ある石が置いてありました。

下山してから、西表の自然の生き字引でもある島袋ときわさんと話をしていたとき、わたしはふと古見岳山頂のネズミの置物のことを思い出しました。

「誰があんなところにネズミの置物なんか置いたんですかねえ。ネズミがかわいそうじゃないですか。」

すると、ときわさんは言いました。

「ああ、あれね。あれはイリオモテヤマネコよ。」

それを聞いたわたしは、唖然としたまま、しばらく口をきくことができませんでした。

古見岳山頂の石の置物。わたしが石垣島に住んでいたころには、こんな置物はありませんでした。

事故を起こさないためにも、あせりとあさりは混同しないようにしましょう（西表島にて）。

九九

昼食を終えて、名瀬市（現在は奄美市）の中心街をぶらついていると、書店を見つけました。10畳ほどの小さな書店で、置いてある商品の半分はマンガや雑誌類です。昔からのくせで、書店を見つけるとつい入ってしまいます。島に関する書物でもないものかと思って物色していると、本棚のいちばん下の段に、島の昆虫について書かれた本を見つけました。

わたしが書いた本です。

しかも2冊置いてあります。知り合いを見つけたような気になり、わたしはそのうちの1冊を引き抜いてレジに持っていきました。

レジにはすでに年配の男性客がいました。

「九九の本、ある?」

男性は色あせた背広を着て中折れ帽をかぶり、杖をついています。「孫にあげるんだけど。」

「ああ、ありますよ。」

アダンの木。観光客はアダンの実をしばしばパイナップルの実と勘違いします。田中一村の絵でも有名です。

店番の女性はよいこらしょと立ち上がると、参考書の棚に行き、やがて一冊の本を抜き取り、男性に手渡しました。

「二、二んが四は載っておる？　わしは九九ができんから。」

「ああ、載ってると思いますよ。」

女性は本を開き、ページを指さしました。

「ここにあります。」

老人はポケットから眼鏡を出すと、そのページを舐めるように見てから、「これ、もらおうかね」と言って代金を支払い、店を出ていきました。

わたしも彼に続いて、自分が書いた本をレジに差し出し、お金を払うと、急いで外に出ました。

男性の姿はもうどこにも見えませんでした。

工事

南西諸島の島々では、いつもどこかで道路工事が行なわれています。ひとつの工事が終わると、また別の場所で工事が始まります。曲がっている道をまっすぐにし、それが終わると次はトンネルを掘ります。利便性云々よりも、道路をつくること自体が目的のようにも思えてきます。いじれるところをすべていじってしまうと、今度は用もない山の中へと道路は延びていきます。名目など、いくらでもこしらえることができます。ともかくも、補助金をいくら持ってくるかが、島の役人にとっての最重要課題のひとつです。

道路工事以外にも、思わずその前で立ち止まってしまうような、見事な建物が、補助金で次々と建設されていきます。

ある日、とある島で公共浴場に入っていると、目の前にいた男の人が、わたしの顔をじっと見つめてから言いました。

「あんたは、トンネルの工事で来たのかね?」

「いや、そうではありませんが。」

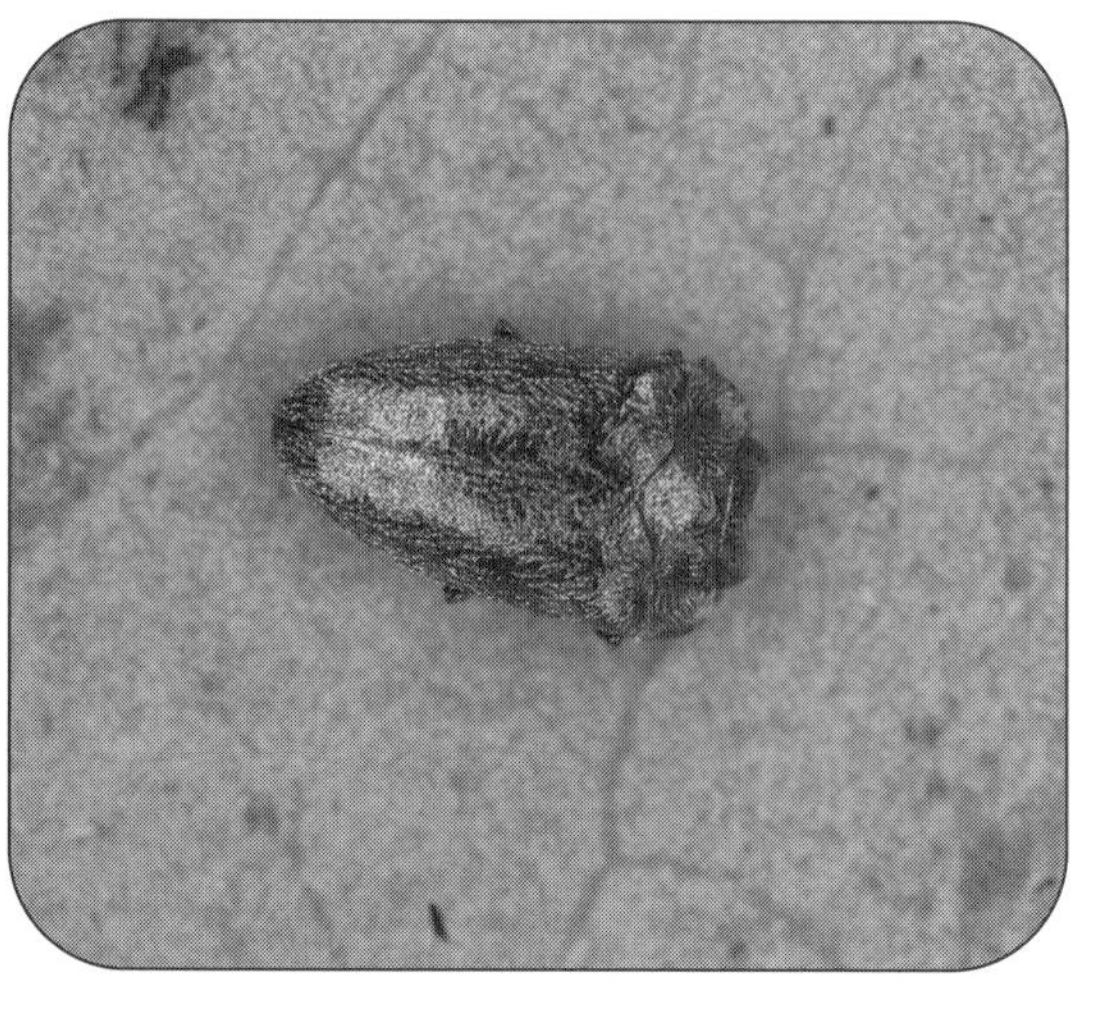

オキナワツマキヒラタチビタマムシ *Habroloma liukiuense*（タマムシ科）。高井幹夫氏撮影。
体長3ミリ弱の小さなタマムシです。日本には200種以上のタマムシが生息していますが、大半は小型の目立たない種類です。

クビレヤサハナカメムシ *Amphiareus constrictus*（ハナカメムシ科）。体長3ミリ弱。世界中に広く分布しています。高井幹夫氏撮影。
枯れ葉のついた伐採木などを叩くと、よく落ちてきます。捕食性。

「そうかね。内地は仕事はあるかね。」

「まあ、ないわけではないですが。」

「そうか、少しでもあればましだ。もうこの島には、工事以外に仕事なんかなにもないよ。工事だって、もうやれそうなところは全部やってしまった。」

「そうなんですか。」

「内地に職があるなら、わしも内地へ行く。」

男の人は怒ったような顔をしたまま、なおもわたしの顔を見つめるのでした。

ハブ

奄美はハブの王国だ、と一般には信じられています。本ハブを捕まえれば、役場がいい値段で買い取ってくれます。安い民宿に素泊まりで一泊できるほどの値段です。

当然のことながら、わたしはカメムシを探しながら、ハブも探しました。というより、ハブを探しながら、カメムシも探しました。

奄美はまた、ハブ獲りの楽園でもあります。そこら中のお父さんが、家庭をほっぽらかして、ハブを探しまくっています。奄美のハブがいつまでもつか、わたしは心配でなりません。

ある日のこと、いかにも虫のいそうな急斜面を見つけて、ついそこまでのつもりが、どんどん登って、とうとう尾根にまで出てしまいました。

しばらくそこでカメムシを探しているうちに、ふと視線を感じて前方を見ると、すぐ先の地面の上に、体長2メートルほどのハブがとぐろを巻いています。

黄金色をした、じつに見事なハブです。

こんなときにかぎって、なんてことでしょう！

ほんのちょっとの偵察のつもりだったので、ハブを入れる袋は車の中に入れたままです。わたしはハブから目を離して、右手の斜面を見下ろしました。足場の悪いこの長い急斜面を、ハブと叩き網をかかえながら下るのは、どう考えても非現実的です。

わたしはまた、ハブを見ました。

ハブは、相変わらず愛くるしい目でわたしを見上げています。なんという美しい、そして立派なハブでしょう。

いろいろと迷ったものの、最終的にはハブを諦め、わたしは叩き網を抱えて斜面を下りました。

ヒカゲヘゴ。高さ10メートル以上にもなる大型のシダで、八重山では新芽を食用にします。

こうした滝の周囲には、湿地性の珍しい昆虫が生息していますが、ハブなども多いため、足元には十分に注意しましょう。高井幹夫氏撮影。

その晩は、テントの中でなかなか寝つくことができませんでした。とりあえず叩き網を置いて、ハブだけ先に持って下りればよかったのではないか。あれがもし巨大なヒャッポダだったら絶対にそうしていたのではないか。

そんな思いがぐるぐると頭の中をめぐり、考えるのを止めようと思えば思うほど止まらなくなるのでした。

霞ヶ浦

かつて、夏になると、霞ヶ浦の湖畔には茶屋が立ち並び、大勢の水浴客で賑わいました。けれども、生活排水などの流入が増加し、さらに、あるときから湖岸でレンコンの栽培が始まると、状況は一変しました。

なかでもレンコン畑からは大量の肥料が流出します。霞ヶ浦の水質は一気に富栄養化し、いまでは、夏になると近づくのもためらわれるような悪臭を放ち、その中でアメリカナマズが大繁殖しています。

もしいまこの湖に飛び込んだら、皮膚が溶ける一方で、たちどころにナマズの大群に食われてしまうのではないか、そんなふうにも思えてきます。

この湖の一角には、かつての萱場である湿地が、いまもかろうじて残っています。そこにはヒウラカメムシ、クロズヒョウタンナガカメムシ、ミツハシテングスケバ、オビヒメコメツキモドキ、ナカイケミヒメテントウなど、よその場所ではめったに見られない虫が、いまだに生き残っています。

わたしはときどき、この残りかすのような湿地に立っては、美しかった当時の湖畔の姿を思い出そうとします。

でも、どうしてもうまくいきません。

この湖でかつてヒトが泳いだなどと言ったら、いまでは地元の人ですら笑い出すに決まっています。

＊

あるとき、霞ヶ浦の湖畔を歩いていると、「霞ヶ浦一周ウルトラウォーキング」という大会のチラシが電柱に貼ってあるのを見つけました。

「へえ、こんな大会があるんだ」と思いましたが、翌週には郵便局から参加を申し込んでいました。

一周104キロ。制限時間は29時間です。

入り組んだ湖岸を忠実にたどると120キロを超えますが、道路を利用すれば104キロで一周できるのです。

競技当日、2020年11月12日は快晴となりました。

それはよかったのですが、少々困ったことがありました。開催1週間前にメールが来て、工事現場があるのでそこを迂回し、歩行距離が110キロに増えたというのです。6キロも余計に歩くのかあ、と思いましたが、しかたありません。

ところが、それで終わりではありませんでした。

当日、スタート地点の公園まで行くと、「別の工事箇所が見つかったので、そこも迂回しなくてはならなくなりました。おおよそ115キロくらいになりますのでよろしく」と言われました。どんどんゴールが遠くなります。

制限時間は29時間から30時間になりました。歩く距離が11キロも増えたのに、制限時間は1時間しか増えません。開催者もさっさと競技を終わらせて、早く家に帰りたいのでしょう。

もらった名簿を見ると、参加者210名ほどのこじんまりとした大会です。さらに、当日は50名あまりが棄権しました。

スタートしたのは午前10時。

道路脇の虫を探しながら再びこの公園に戻ってきたのは、26時間半が経過した翌日の午後2時半のことでした。

道中いろいろなことがありました。トイレに困ったり、足がつったり、寒さに震えたり、ひざが痛くなったり、喉が渇いたり、猛烈に眠くなったり、朝日が眩しくてまわり

ヒウラカメムシ *Holostethus breviceps*（カメムシ科）。体長約8ミリ。高井幹夫氏撮影。カヤツリグサ科やイネ科を寄主とし、極東ロシアや中国にも分布しています。日本での分布はきわめて局所的です。

のものがすべて虹色に見えてきたり。

完歩者は99名。わたしは62位でした。もっと上位に入れると思っていたのですが、そんなに甘くはありませんでした。

完歩証をもらい、松の木の根元にしゃがみ込んで霞ヶ浦を見渡すと、真夏のあの悪臭もすっかり収まり、澄みわたった空の下には、静かな湖面がはるか彼方まで広がっています。

ああ、あんな遠くまで歩いたんだ。

きらきらと輝く湖面を眺めながら、わたしはあらためて霞ヶ浦の大きさを思ったのでした。

クロズヒョウタンナガカメムシ *Pachybrachius festivus*（ヒョウタンナガカメムシ科）。体長約5ミリ。高井幹夫氏撮影。湿地に生息し、本州のみから知られる比較的稀な種類です。灯火にも飛来します。

ミツハシテングスケバ *Tenguella mitsuhashii*（テングスケバ科）。体長約13ミリ。カメムシ目のなかでもウンカに近い仲間です。全国的に非常に珍しい虫ですが、霞ヶ浦の一部には多産します。タデ科植物につき、灯火にもよく飛来します。成虫の出現期は8月中旬から10月にかけてです。

オビヒメコメツキモドキ *Anadastus pulchelloides*（コメツキモドキ科）。体長6ミリ弱。高井幹夫氏撮影。渡良瀬遊水池と霞ヶ浦でしか見つかっていない、美しい甲虫です。成虫は、晩秋から早春にかけて見られます。

若い女

一日の採集を終え、とある集落を通りかかりました。

何年も前に最後の住民が退去し、家々は草に覆われたまま放置されています。

あたりはもうだいぶうす暗くなっていました。

虫を探しながらふと顔を上げると、一軒の荒れ果てた家の縁側で、真っ白い顔をした若い女がこちらを見ています。

一瞬、わたしの体の中を猛烈な電流が走りました。

でも、あらためてよく見ると、それは服を着せた、一体のマネキンでした。

ハナタテヤマナメクジ。体は黄色く触覚だけ黒い、珍しいナメクジです。雷で倒れた木の樹洞の中にこの黄色いナメクジを見つけたときは、「日本にもこんなナメクジがいるのか」と驚いたものでした。

手を柱につけ、こちらをまっすぐに見つめています。

彼女が着ている水色のワンピースのすそが、まるでわたしを呼び寄せるかのように、夕暮れの風のなかでかすかに揺れているのでした。

クリンソウ

虫をひととおり採ってから、沢筋にある湿った平地に戻ってくると、高井さんが地面に這いつくばるようにして、クリンソウ（カメムシではなく！）の写真を撮っています。

わたしは少し離れた場所からその様子を見ていましたが、そのうち左手のほうからモコモコしたものがやってきて、まっすぐに高井さんのほうへ向かっていきました。

「高井さん」とわたしは小さな声で言いました。

「あ?」

　高井さんは、ファインダーをのぞき込みながら返事をしました。

「アナグマです。」

「なに?」

クリンソウ。サクラソウ科の多年草。山間部の湿地に見られます。

　高井さんは、クリンソウで忙しくて、よく聞き取れないようです。

　アナグマは、高井さんのすぐ後ろにやってくると、高井さんの尻のにおいをくんくん嗅ぎはじめました。

「あのぉ、アナグマが高井さんのお尻のにおいを嗅いでいます。」

「なにがどうしたって?」

　高井さんはなおも、写真撮影に集中しています。

心ゆくまで高井さんのお尻のにおいを嗅ぐと、アナグマは回れ右をし、またモコモコと左のほうへ消えていきました。

高井さんはまだ、クリンソウの撮影を続けています。

ファーブル

栃木県の那須に住んでいたころ、どうしたわけか、スズメバチの巣の駆除に夢中になった時期がありました。

観光客相手のレストランから、スズメバチの巣を取ってくれという依頼がきたこともあります。

行ってみると、ハチはキッチンの壁の中に巣をつくっています。なかなか難しい場所ですが、頼まれた以上、取らなくてはなりません。

1時間ほどかけて巣を完全に取り除くと、「ありがとう！　好きなものを好きなだけ食べていいよ！」とマスターに言われました。

「ほんとですか！」

まだ若かったわたしは、メニューをもらうと、5人分の料理を注文しました。お腹が破裂しそうにふくらんで、幸福の絶頂とはこのことかとそのときは思ったのですが、その晩はひどい腹痛になり、せっかく食べたものも全部トイレに流れて残念なことをしました。

スズメバチの巣を取りはじめて間もなく、あることに気がつきました。さんざんキンチョールを吹き込んだ巣の中でも、幼虫は死なないのです。成虫は、キンチョールをかければすぐに死にます。しかし幼虫は死にません。肉の切れ端などを与えると、何ごともなかったかのように食べはじめます。じつにシュールな光景です。だいぶたってから、『ファーブル昆虫記』のなかに似たような記述があることに気がつきました。

完全変態の昆虫では、成虫はサソリに刺されると死にます。けれども不思議なことに、幼虫は死にません。そのまま何ごともなかったかのように蛹になり、羽化します。一方で、不完全変態の昆虫が刺されると、成虫も幼虫もすぐに死んでしまいます。

ハチは完全変態を行なう昆虫です。

100年以上も前に、ファーブルは同じような現象に気づいていたのです。

オオスズメバチ *Vespa mandarinia*。
上は指にしがみつくメス（働き蜂）。攻撃性が強く、毒も強烈です。アナフィラキシーショックを起こす人は十分に注意しましょう。ハチの毒針は産卵管が変化したものです。
下はオス。オスは秋になると出現します。メスよりも大きいのですが、性格はおっとりしています。メスよりも触覚が長く、顔や腹部のつくりも違います。ミツバチ同様、染色体数はメスの半分しかありません。オスは毒針をもっておらず、いくら刺激しても刺しません。しかし、メスとオスの野外でのとっさの識別は難しく、十分な注意が必要です

ジャン・アンリ・ファーブル（1823 - 1915）。ファーブルは、日本人が想像しているような、自然とヒトにやさしい好好爺などでは決してありませんでした。むしろそれとは対極にある、非常に気むずかしい人物でした。ダーウィンとファーブルはほぼ同時代を生きましたが、さまざまな点で、2人の人生は異なっていました。ファーブルはダーウィンのようなお金持ちでもなければ、採集人でもありませんでした。ファーブルの関心は常に、生物のもつ本能の見事さとおろかさにありました。でも、どちらかというと、おろかさのほうをより深く見つめていたかもしれません。有名な『昆虫記』は、昆虫についての記述だけでなく、ヒトに関する、するどくシニカルな考察に満ちています。

ゴゴゴゴゴ

いろいろな手違い勘違いが重なって、すでに午後9時半をまわっていました。あすは朝4時にここを出て、宮之浦岳に登る予定です。

コンビニ弁当で夕食を済ませ、シャワーを浴び、洗濯をし、あしたの登山の準備を終えてベッドに入ったときには、夜中の12時を過ぎていました。妻はすでに横のベッドでいびきをかいています。ベッドに潜り込むと、手足は鉄の板に張りついた磁石のように、もうぴくりとも動きません。

ああ、疲れた。

そう思ったとき、遠くからゴゴゴゴゴと

ヤクシマザル。屋久島に固有のニホンザルの亜種。本州から九州に生息する基亜種よりも小型です。山間部の道路わきでよく見かけます。ヒトをまったく恐れません。

いう、かすかな地鳴りが聞こえてきて、窓ガラスがビリビリと震えはじめました。

朦朧とする意識のなかで、「ああ地震だ。地震がくるぞ」とわたしは身構えました。ゴゴゴゴゴという音は、次第に大きくなっていきます。

くるぞくるぞ、大きいのがくるぞ。そう思っていたら、音はゴゴゴゴゴと次第に小さくなっていき、とうとうどこかへ消えていってしまいました。

じつに奇妙な、いままで体験したことのない地震でした。

起床時間までは、あっという間でした。妻にきのうの地震のことを尋ねても、まったく覚えていないそうです。

「じつに変な地震だったなあ。」

そう言いながら、わたしはせっせと出発の準備を始めました。

音の正体が、種子島でのロケット打ち上げだったことに気がついたのは、宮之浦岳山頂から下山してくる途中でのことでした。

ピアノ線

家の裏の林から屋根の上へコナラの枝が伸びてきて、毎年、秋になると、落ち葉で雨樋が詰まります。

そのたびに、わたしは脚立のてっぺんにつま先立ちして、落ち葉を取り除かなくてはなりません。脚立は震え、いつか必ず転落する日がくるでしょう。

そこで、林の持ち主に了解をとって、コナラの枝を落とすことにしました。

5月の連休も終わった、ある昼下がり、わたしは登山用のハーネスをつけて木によじ登り、上のほうから少しずつ枝を切り落としていきました。

そのときふと、ピアノ線のようなものが葉のわきから垂れ下がり、風に揺れているのに気がつきました。

ウマノオバチ *Euurobracon yokahamae*。アジアに広く分布しています。よく似た近縁種に、ヒメウマノオバチがいますが、産卵管が短いのですぐに区別できます。

なんでこんなところにピアノ線がぶら下がっているのだろう。

そう思ってよく見ると、新緑の葉の上に、1匹の飴色のハチが止まっていました。

ウマノオバチです。

体長はせいぜい2センチほどなのに、産卵管の長さは15センチを超える、虫屋なら誰もが知っている有名なハチです。

でも、ネジレバネのオス同様、実際にその姿を見たことのある人はほとんどいません。何十年も虫を採っていても、見るのは図鑑のなかだけです。

そのウマノオバチが、目の前に止まっているのです。わたしは、ハチに刺激を与えないようにゆっくりと木を降り、物置からネットを取り出し、再び木によじ登りました。

残念ながら、ハチはもうそこにいませんでした。さんざんあちこち探したのですが、見つかりませんでした。

それから何日かたって、フェンス脇にあるコナラの木をふと見ると、なんと1頭のウマノオバチが、その長い産卵管を、ミヤマカミキリの幼虫がつくった穴の中に差し込んでいました。わが家のリビングの窓から、わずか数メートルも離れていない場所です。そんなところでウマノオバチが発生していたのを、わたしはいままで気がつきもしなかったのです。

以来、わたしは毎年そこで、たくさんのウマノオバチを見かけるようになりました。成虫が見られるのは、ゴールデンウィーク前後のせいぜい2週間くらいで、しかも晴天の日の昼過ぎ、わずか2時間ほどのあいだです。

そのことをネットに書いたら、すぐにハチの研究者がやってきて、発生木ごと持ち去り、それ以降、ウマノオバチもぷっつりと姿を消してしまいました。

パラオ

パラオへ

45歳でわたしは仕事を辞めました。

それと同時に結婚し、妻と2人でパラオへ向かいました。結婚したなんて、そんなめんどくさい話は誰にもしませんでした。

新しい職場は、アメリカ人の住んでいたバラックの宿舎を改造したもので、そこでわたしはパラオ農業局害虫防除課の一員として過ごすことになりました。

スタッフは、パラオ人のフレッド、アルベルトさん、スピスさん、それにわたしの4人です。

課長のフレッドはハワイ大学を卒業した、パラオのエリートです。大きなおにぎりのような体型をした30代の彼は、いつもニコニコ笑いながら、パラオの農業をひとりで背負っていました。他のパラオ人とは異なり、フレッドはフィリピン人を差別することなど一度もありませんでした。農業局でただひとり、パラオの将来を真剣に考えていました。

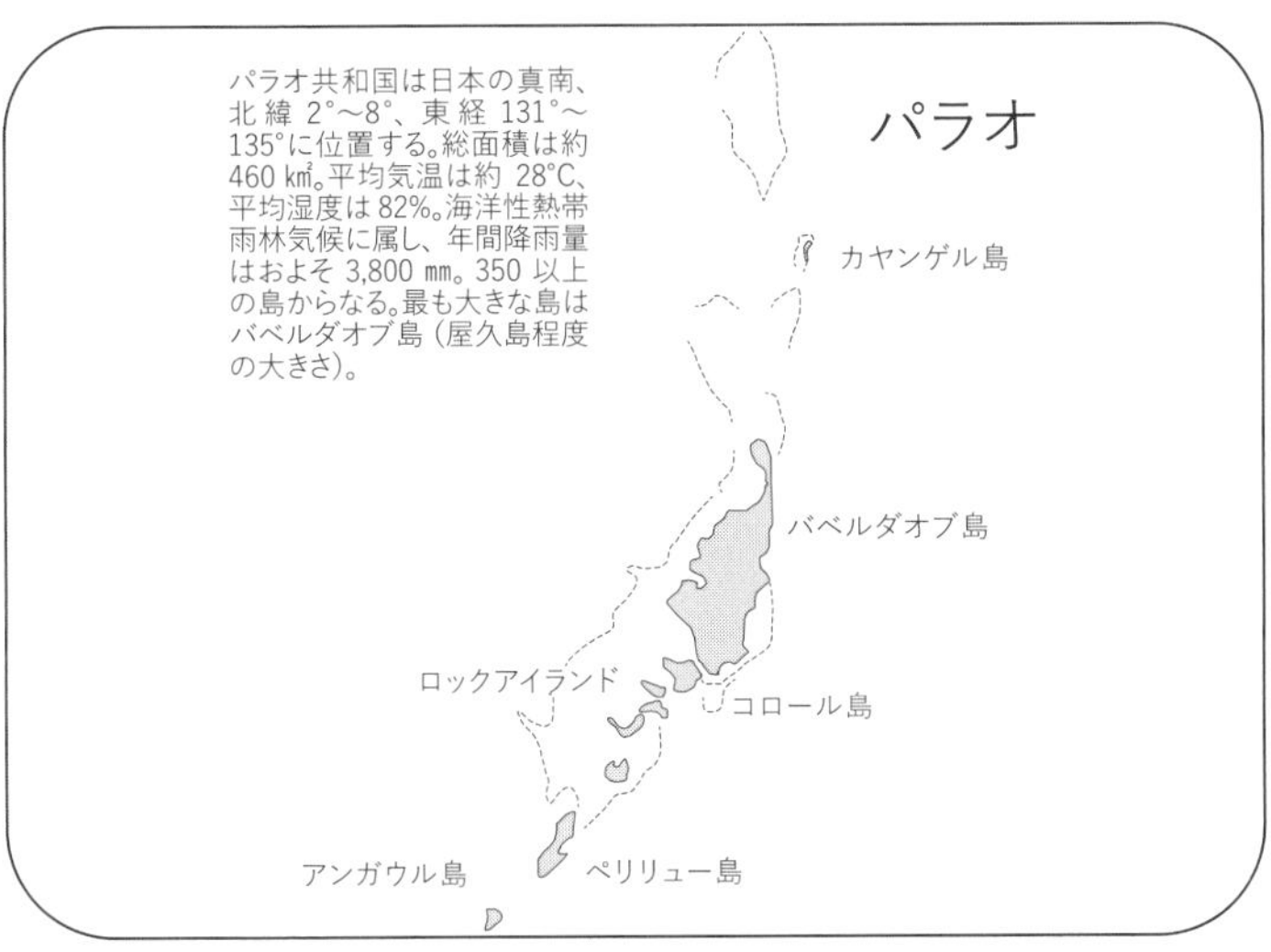

パラオ農業局害虫防除課の建物。すぐ裏手には珊瑚礁の海が広がっています。

主任のアルベルトさんはわたしより年上で、四六時中、自慢の白い運動靴を磨いています。もうひとり、やはりわたしより年上のスピスさんは、背の低い穏やかな人でしたが、いつシャワーを浴びたのかもわからない、わたしですら吐き気を催すような独特な異臭をあたりにまき散らしていました。

アルベルトさんもスピスさんも、小数点やパーセントの意味がどうしても理解できませんでした。そして、職場へ来ても、何もやることがありませんでした。

職場には顕微鏡が1台と、秤が1台、それにフレッドが使っているパソコンが1台置いてありました。あとデンワも1台。パラオ語でいうデンワとは、つまり電話機のことです。

ついでながらいっておくと、かつてパラオを統治していた日本の影響を受け、いまもなお、パラオ語の電柱はデンキバシラ、ビールはツカレナオシ、ブラジャーはチチバンド、便所はベンジョ、馬鹿はアタマサビテル、お祭りはオミコシワッショイ、選挙はセンキョ、そして経済はケイザイです。

農業局にはいつもお金がありませんでした。ときには職員の給料どころか、切手代すらありませんでした。いつものようにフレッドが書類を抱えて出かけ、アルベルトさんとスピスさんもどこかに消えてしまったバラックの中で、わたしはひとりで机を前に座っていました。

それはすばらしい経験でした。金も仕事もない代わりに、考える時間だけはたくさんありました。日本では左のものを右に移すだけで時間が過ぎていきましたが、パラオではそんなことはありませんでした。微塵もありませんでした。

左側を見ても、そこには右側に移すべきものなど何もありません。わたしは考え、そして、さらに考えつづけました。日本では常識と思われていることを、最初のさらにずっと手前のところから、ひとつひとつ考えなおしていきました。

考え疲れると、バラックの外に出ました。

数メートルも歩けば、そこはもうコバルトブルーの珊瑚礁です。

冷蔵庫に入れてあるパンをちぎり、少しずつ海に投げ込むと、ネオンサインのような色をした小魚たちがどっと集まってきて、パンのかけらを奪い合います。

そのすぐわきではいつも、1匹の大きなコブシメ（大きなイカの一種）がその様子を眺めていました。場所を移動するたびに体色をめまぐるしく変化させながら、コブシメはじっと小魚たちを見つめていました。

事務所には、ひまなパラオ人から電話がときどきかかってきました。たいていは誰かのうわさ話です。たまに、農家から害虫についての問い合わせが来ると、わたしは往診

わたしがパラオで見つけた、新種のゴミムシダマシの一部。パラオでは数多くの新種の昆虫を見つけましたが、学会誌に新種として発表されたのは、そのうちのほんのひとにぎりです（写真は *Ent.Rev.Japan.*61（2）：144-161. より転載）。

カバンを持ってひとりで出かけていきました。

パラオの農家で実際に働いているのは、フィリピン人やバングラデシュ人、中国人です。彼らはみな勤勉でした。

仕事が電話番と往診だけというのもつまらないので、わたしはパラオの昆虫相の解明も仕事のうちに付け加えてもらいました。こうして、わたしはパラオの島々に少しずつなじんでいったのです。

フレッド同様に坊主頭にしていたわたしは、穴のあいたTシャツと穴のあいたジャージ、そしてビーチサンダルというういでたちでどこへでも出かけました。おかげで、頭のてっぺんから足の指先まで、常に真っ黒に日焼けしていました。あるとき、街なかで出会った知り合いのパラオ人がわたしに言いました。

「おお、なんだケイイチじゃないか！　遠くから見たらパラオ人かと思った！」

ヘンリーさん

水産資源局に勤務するヘンリーさんは、典型的なワルです。おじさんは初代大統領ですが、パラオは人口が少ないため、大統領や大臣が身内にもごく普通にいます。おじさんが大統領だったからといって、特別な意味などまったくありません。

ヘンリーさんから電話がきます。ヘンリーさんからの電話は、借金の申し込みに決まっています。

「ハーイ、トモダチ！　ゴメンナサイ！　ゴメンナサイ！」

日本語による決まり文句の後は必ず、お金の話になります。

「ハイ、トモダチ！　あさって必ず返すから、50ドル貸してもらえない？」

ヘンリーさんにはもう３００ドル近く貸していますが、一度だって返してもらったことがありません。

「すいません。もうウチにはお金がないんです。」

なおも粘るヘンリーさんを相手に、さらにダメを言いつづけ、ようやく電話を切るころには、がっくり疲れてしまいます。

パラオオオコウモリのスープ。パラオ人はオオコウモリが大好きです。獲るのも食べるのも好きです。オオコウモリのスープは街なかの食堂でも食べることができます。鶏肉に似た味がします。

パラオ人社会に本気でとけ込もうとするとき、最初に遭遇するのが、この「金貸してくれ」です。

パラオでは、金の貸し借りはかなり頻繁に行なわれていて、返してくれと言えずに、悩んでいる人もたくさんいます。

借金の原因はいくつかありますが、一番大きいのは、後先考えず、すぐに有り金全部使ってしまう男の習性です。そして二番目は、葬式やベビーシャワーなど、パラオ語（になった日本語）でいうところのシュウカン（習慣）です。

ヘンリーさんはたしかにワルですが、海へ出るとすごいのです。スコールの吹きつける真っ暗闇のなか、あちこちに浅瀬のあるリーフの中を、暗やみを見つめながら

オオメナガカメムシの一種（パラオ）。高井幹夫氏撮影。ヒトは、自分たちが好む環境こそ、すべての生物にとっても好適な環境であると、心の底から信じています。でもそうした環境は、ほとんどの生物にとって、耐えがたい地獄のような環境です。おまけにヒトは、自然の有り様を、自然自体にゆだねようとは決してしません。そして自然の正しいあり方すら、自分たちが決めるものだと思っています。

ボートを疾走させていくさまは、まさに海の男です。

わたしも、「きょうの操縦はヘンリーさんだから少し寝るか」などと思って、目をつぶったりします。スピスさんが操縦していたら、「あのう、ちょっとわたしが代わりますよ」などと言うところです（わたしは日本の小型船舶免許を持っています）。

しかし、陸に上がったヘンリーさんは、すぐにまたいつものワルに戻ってしまいます。

「ケイイチさん！　いま、彼女を外に待たせてるんだ。50ドルばかし貸してくんないかなぁ。」

もちろん、ヘンリーさんには家族がいます。困った人だなあ、そう思いながらアパートの外をのぞくと、タバコをくわえた背の高い中国人のお姉さんが、青空を眺めながら煙をもくもくと吐き出しています。

バベルダオブ島

パラオ最大の島バベルダオブ島は、南北約42キロ、東西約17キロ、全体としては南北に長い、下ぶくれの島です。

火山性の安山岩や玄武岩を基盤に、島全体が起伏の多い、ゆるやかな丘状を呈し、海岸線にはマングローブが発達しています。最高点は、北部にあるゲレチェレチュース山（標高242メートル）です。

バベルダオブ島の土壌は、赤茶けたラテライト土壌で、道路の路肩は、シダやイネ科植物で広く覆われています。

ラテライト土壌は、熱帯でよく見かける酸性土壌で、栄養分が極端に乏しいうえに、植物に有害な可溶性アルミニウムを含んでいるため、植物が育ちにくい土壌です。

長い年月をかけてラテライト土壌の上で徐々に育っていった原生林も、ヒトによる焼

伐採されたあとにはイネ科草などが繁茂し、森林の回復には長い時間を必要とします。

き畑によっていままでは完全に失われ、栄養分を含んだ灰は、雨とともにことごとく海に流されてしまいました。

熱帯雨林において、壮大なジャングルを支える土壌の多くは、植物にとって生育困難なこうしたラテライト土壌です。温帯の栄養分豊かな土壌とはまったく異なり、熱帯雨林が「緑の砂漠」とも呼ばれるゆえんとなっています。樹木も土中深く根を張ることはせず、強風でいとも簡単に倒れてしまいます。

ラテライト土壌に成立している熱帯雨林において、その栄養素のほとんどは地上部の植物体中に保たれています。そのため、途方もない年月をかけて徐々に育ってきた森をいったん伐採・除去してしまうと、そ

ウツボカズラは、道路脇などに多く見られるパイオニアプランツ（遷移の初期段階に現れる植物）のひとつです。

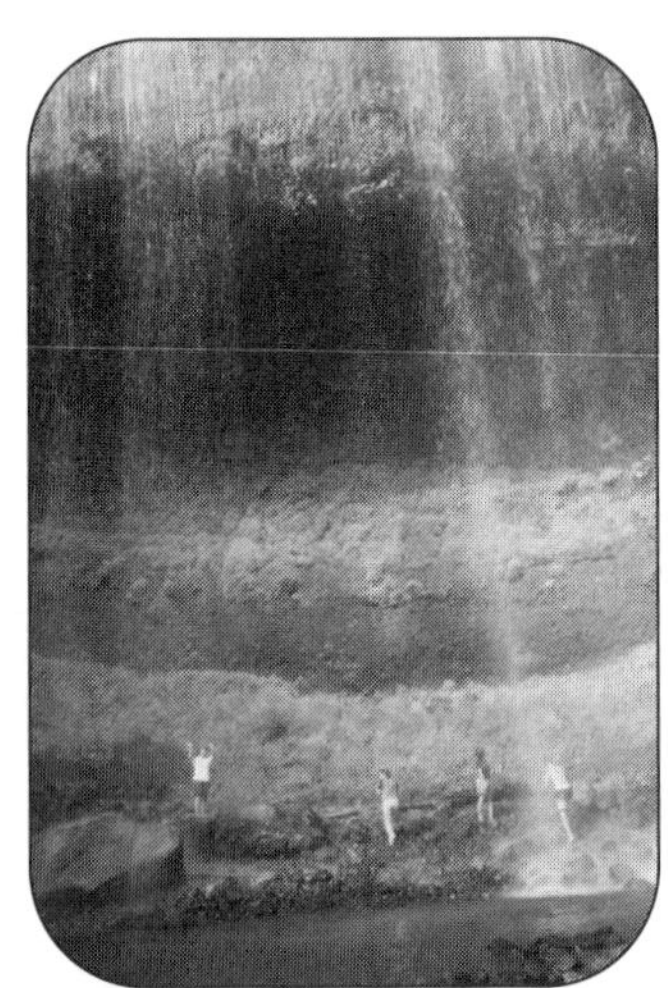
パラオ最大のガラスマオの滝。この滝の近くで、海洋島では珍しい、新種のハンミョウを見つけました。

の回復には長い年月を要することになります。

現在のパラオの植生の大部分は、ヒトによって持ち込まれた植物と、環境改変に耐えられる性質をもっている一部の土着植物によって構成され、ヒトが入ってくる以前の植生とは似ても似つかないものとなっています。もっとも、人為的な二次林も数百年たてばそこそこの大きさの森となり、それを手つかずの原生林と思い込んでいる観光客もた

ガラスマオの滝で見つけた新種のハンミョウ*Cylindera takahashii*（ハンミョウ科）。ハンミョウは通常、地面や植物の葉の上で暮らしていますが、この種は川沿いの岩の壁の上に生息するという、変わった習性をもっています（写真は*Jpn.J.syst.Ent.*10 (2)：187-191. より転載）。

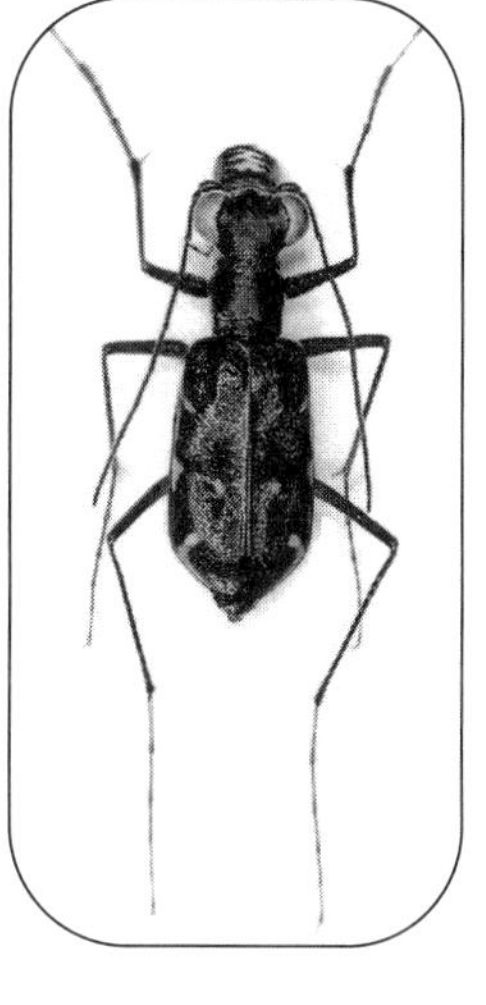

くさんいます。

わたしが住んでいたころのパラオの人口は2万人あまり。そのうちの約3割をフィリピン人、中国人、バングラデシュ人などの外国からの出稼ぎ労働者が占めていました。人口の8割はバベルダオブ島に隣接するコロール島およびその周辺に集中し、戦後のアメリカ統治の影響で、英語がごく普通に通じます。

ビッグママ

農業局で会計を担当しているビッグママ（わたしが彼女につけたあだ名です）が、部屋へ入ってきました。

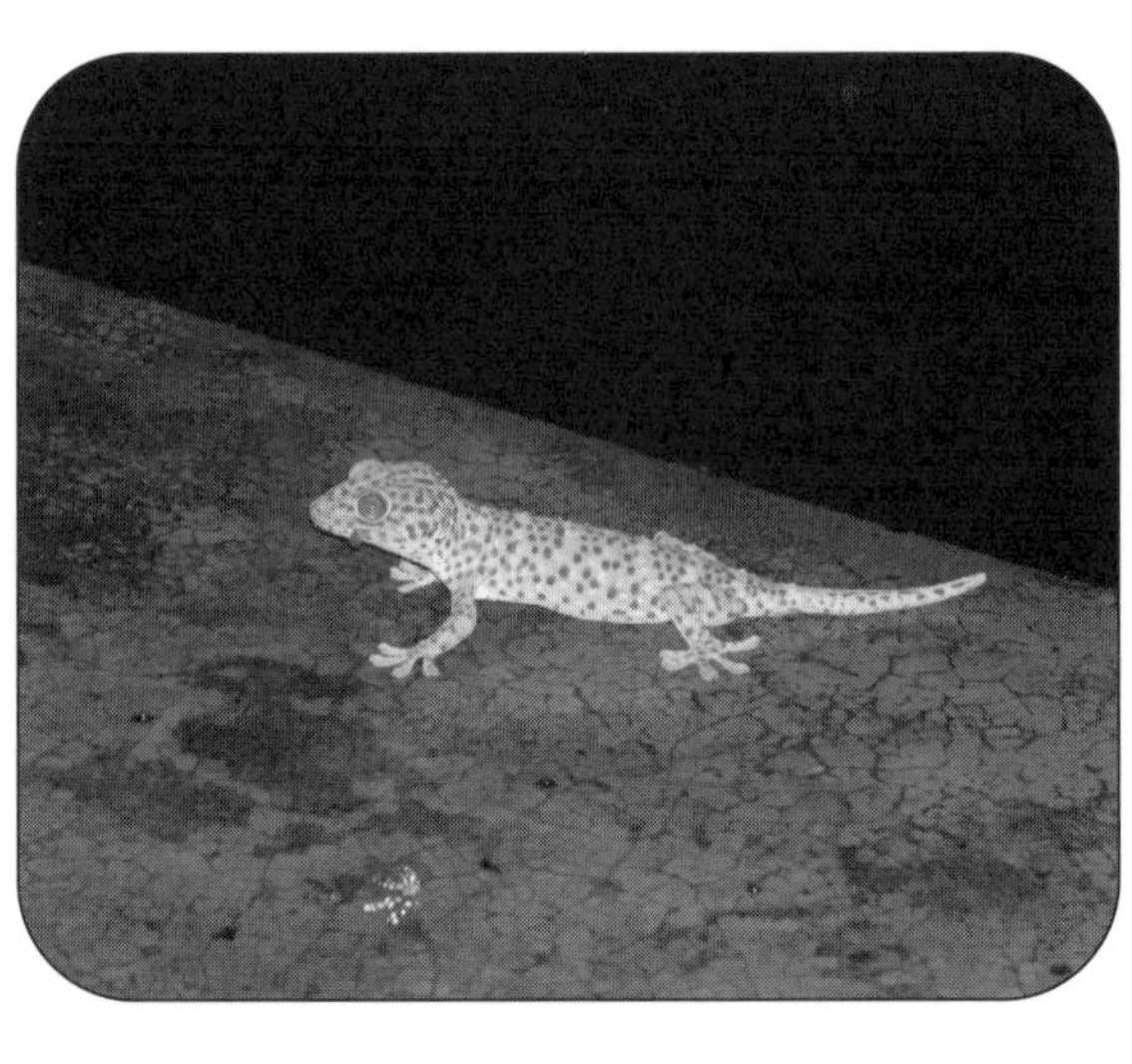

オオヤモリ（タイ）。大声で「トッケイ！」と鳴くので、トッケイとも呼ばれます。大型の個体は30センチほどにもなります。たかがヤモリと思って部屋の隅に追い詰めて捕まえたら、見事に噛まれました。そこそこ痛かったので驚きました。

「エドウィンが捕ったっていうヤモリはどこ？」

つい先日、フィリピンから来た貨物を調べていて、防疫官のエドウィンさんが大きなヤモリを捕まえたのです。

「ああ、ここです。」

そう言って、戸棚から液浸標本を出して見せると、ビッグママは顔をしかめました。

「おお、いやだよ。こんなのがパラオに増えたら。」

「タイなんかでは民家にこういうのがいっぱいいて、夜中になると天井に出てきて、トッケイ！　トッケイ！　って大声で鳴くんです。すごくうるさいですよ。」

「ほんとかい？　いやだねえ。」

いつもなら、このあたりで会話が終わっ

てしまうのですが、その日はわたし以外部屋に誰もいなかったので、気難しい彼女が珍しく昔話を始めました。

「もう死んでしまったけど、バベルダオブに住んでいたあたしのおじさんは、動物の鳴き声で何が起こったかがわかったんだよ。例えば、誰それがきょう死んだとかね。それに、雲の形でこれから起こることもわかったんだよ。いろいろと教わったよ。でもあるとき、(キリスト教の)教会でその話をしたら、そんなことを信じてはいけないって言われて、それからはあんまり人に言わないようにしてきたんだよ。」

若いころにダイナマイトで片手片足をなくした彼女のおじさんは、自分で義手義足をつくり、なんでも自分ひとりでこなし、ワニも捕ってきて食べさせてくれたそうです。

「ワニはぜひ食べてみたいですね。どんな味ですか?」

「そうだねえ、鳥みたいな味だったねえ。」

さて、ベンジョというものは、農業局ではフレッドやアルベルトさんやわたしのいるこの部屋にしかありません。

なので、みんなここへベンジョを借りにきます。

そして、ビッグママは、机の上に並べてあるわたしの本の後ろに、彼女専用のトイレットペーパーを隠していました。

ムツボシタマムシの新種 *Chrysobothris takahashii*（パラオ）（写真は *Folia Heyrovskyana*,series A,17（3-4）：105-110,2009.より転載）。

「ベンジョに置くと、みんなが使ってしまうからねえ。」

初めてビッグママがわたしの本の後ろからトイレットペーパーを取り出したときは、たまげてしまいました。

そんなところにトイレットペーパーが隠してあるとは、思ってもいなかったのです。

パラオへの生物の侵入

島は、その成立の過程から、大陸島と海洋島の2種類に大別されます。北海道、本州、四国、九州などは、もともとは大陸の一部だったものが切り離されて島になったもので、こういう島を大陸島と呼びます。

一方、ガラパゴス諸島や小笠原諸島のように、海のなかに突如現れた島を海洋島（太洋島）と呼びます。海洋島はどれも基本的には火山性の島です。

大陸島では、島が大陸から分離したとき、すでに数多くの生物が生息していますが、海洋島の陸上生物は、どこからか海流に乗り、あるいは風に飛ばされたりして、偶然に島にたどり着いたものばかりです。

パラオは、ガラパゴス諸島や小笠原諸島同様に、あるとき突然、海の上に現れた海洋島です。

ヒトが到着するはるか以前から、多くの生物がパラオに侵入し、独自の進化を遂げてきました。彼らもまたヒトと同じく、許可なく島へ侵入してきたのであって、神様による精妙な采配によってパラオへ降臨したわけではありません。

海流に乗ってパラオへやってきた昆虫は、現存するパラオの陸上生物群のなかで最も大きな割合を占めています。

パラオ周辺には、相反する方向へ流れる2つの海流が存在し、そのうちパラオの南を西から東へ向かって流れる細々とした赤道反流こそ、パラオの昆虫相の生みの親です。

この海流に乗って、西のほうにある島々からパラオに到着した昆虫が、現在パラオに

たくさんの生物を乗せた流木が、次々と海辺に流れ着きます。乗せるといっても、たいていの場合、生物は流木の内部に潜んでいます。

生息している多くの昆虫種の祖先となりました。最寄りのフィリピンからの距離はおよそ800キロです。

パラオの海岸には、いまも大小さまざまな流木が流れ着きます。もちろん、島に接岸することなく流されていってしまう木がほとんどですが、そのなかで幸運にも浜に打ち上げられた流木に、幸運にも生きた昆虫が潜んでいて、さらに幸運なことに、たどり着いた場所に彼らの食べ物が存在していた場合にだけ、彼らは島で生き残ることができたのです。

こうした海流による侵入以外にも、風に飛ばされてきたり、鳥によって運ばれたり、あるいは、ヒトが持ち込んだりして、生き物たちはパラオに侵入しました。

アシブトメミズムシの一種（パラオ）。高井幹夫氏撮影。海岸の石の下などに見られる、平べったいカメムシの仲間です。捕食性。日本にも似た種類が九州以南に分布していますが、もしかすると同じ種類かもしれません。

そのいずれの方法を採ったにせよ、彼らは自ら移住しようと思ってパラオへ移住してきたわけではありません。あくまでも偶然によって生息地を離れ、偶然によってパラオに到着したものばかりです。パラオにどのような種が移入してきたのかは、このように偶然による要素が非常に大きく、海洋島における生物相のアンバランスの原因となっています。

カーネットのところでも述べたように、距離というものがもつ意味は、生物ごとに大きく異なっています。

シダの胞子やランの種子などは、風によって遠距離を運ばれやすく、そのため海洋島の植物相に占めるシダ植物やランの割合は著しく高い傾向にあります。シダの胞子やランの種子にとって800キロなど、ひとっ飛びの距離にすぎません。

スピスさん

スピスさんがあるとき言いました。

「ケイイチ、今度、レストランを始めようと思うんだ。」

「そうですか。それはすばらしいですね!」

「店ができたら連絡するから来てくれ。」

スピスさんはうれしそうに言いました。

もう店内の内装も済み、フィリピン人のウェイトレスも雇っているような話でした。パラオ人の多くは公務員です。仕事があろうがなかろうが、働いていようがいまいが、公務員には(国にお金があれば)給与が支払われます。

また、パラオでは、公務員が他の職業を兼ねるのはごく普通のことです。パラオへ来た当初、知り合いになったばかりの郵便局職員が、ある日、大きなホテルのフロントに立っているのを見て驚いたことがあります。

コロール島とペリリュー島のあいだにある、300近い島々で構成される地域をロックアイランドと呼びます。生物由来の石灰岩（珊瑚岩）が隆起したものです。パラオの観光写真によく登場するセブンティアイランドも、このロックアイランドに属しています。

さて、スピスさんのレストランについては、いつまでたっても開店したという話は聞こえてこず、やがてスピスさんは職場に出てこなくなりました。

誰もスピスさんがどこにいるのか知りません。いろいろな人がわたしに、「スピスはどこにいるんだ？」と聞くのですが、もちろんわたしにもわかりません。

そのうち、職場に頻繁に電話がかかってくるようになりました。あまり感じのいい電話ではありません。

「スピスはいるか？」

ぶっきらぼうに聞いてきます。

しばらくのあいだ、毎日のようにその電話が続きました。

3週間ほどたつと電話もかかってこなく

アシナガサシガメの一種（パラオ）。高井幹夫氏撮影。昆虫などの変温動物に比べ、ヒトなどの恒温動物は、体温を維持するために常時大量のエネルギーを必要とします。しかもヒトは、恒温動物のなかでは際だって大きな体をもっています。ヒトはそんな自分のありさまを、あくまでも生物界の標準だと思っています。

なり、ある日、スピスさんがいつもの格好で事務所に現れました。

「やあ、ケイイチ、久しぶりだな。」

そう小さな声で言って、椅子に腰掛けると、机の上に置きっぱなしの古い新聞を手にしたまま、いつものように居眠りを始めたのでした。

パラオでの種分化

飛翔力の強い大型のトンボのように、侵入を何度も繰り返してきた種を除き、生物はパラオ到着後に多様な種に分化しました。そのため、固有種もたくさん生息

無翅のヒラタカメムシの一種（パラオ）。高井幹夫氏撮影。海流や風などで運ばれた昆虫のパラオへの定着は、およそ数千年に1種程度の割合で起こったと想像されます。その定着は偶然の産物であり、現在のパラオの生物相自体、こうでなくてはならなかったというわけでは決してありません。

していています。分化を起こす原因は、パラオへの移入後、もともと住んでいた場所との遺伝的な交流が断たれるためです。

移入が頻繁に繰り返されている限り、遺伝的な性質は一定に保たれますが、遺伝的交流の断絶が起こると進化が促進されます。遺伝的交流の断絶は、種分化の基本的なプロセスのひとつです。

さらに、パラオが数多くの小さな島からなっていることも、種分化を促進させました。同じ面積なら、島がひとつあるより、多数の島に分かれているほうが、二次的な隔離が起こる可能性が高くなるからです。

こうして海洋島の生物は、形態のみならず、その生態までも大きく変化させて、大陸や大陸島から訪れる人々を驚かせます。

さらには、侵入種の偏りによる種構成のアンバランスなども加わって、海洋島をたちまちのうちに、進化の実験場に変えていきます。

ただし、ガラパゴスに住むゾウガメのような大型動物は、パラオには生息していません。海流の関係で、そういう動物たちの祖先となるべき種が、パラオまでたどり着けなかったのです。

もし赤道反流の出発点に大きな大陸でもあり、強力な海流がその沿岸をなめるように通過していたなら、パラオにも大型の陸生動物が漂着し、きっとガラパゴスにも負けないような驚くべきスターたちが誕生していたことでしょう。

パスクワルさん

酔っぱらったパスクワルさんが、夜中にアパートへやってきました。パスクワルさんは植物防疫官です。かつての悪役プロレスラー、アブドーラ・ザ・ブッチャーをずっとやさしくしたような感じで、いつも早口でしゃべりまくっています。

アメリカに住んでいたこともあるそうです。

いまでも奥さんと子どもはアメリカにいるというのですが、では、いま一緒に暮らしている女の人は誰なのでしょう。

「彼女もワイフだ。」

そうなのかもしれない、とわたしは思いました。

パスクワルさんはアパートの戸口にどかっと座り込んで、いきなり言いました。

「ケイイチさん！　俺はダメな人間なんだ！」

「は？」

「おやじに、ケイイチさんから金を借りていると言ったら、すごく怒られて、一度家へ招待しろって言われたんだ。来てくれ！」

「今週？」

「いつでもいいんだ！　頼むから来てくれ！」

「はあ、ここしばらくはお客さんが続くから……。」

「ケイイチさん！　俺は本当にダメな人間なんだっ！」

「いや、そんなことないですよ。しっかりしてください。」

「ケイイチさんっ！」

「は？」

「すまんっ！　金を貸してくれっ！」

　翌日、アパートで妻と昼飯を食べていると、またパスクワルさんがやってきました。

「ケイイチさん、俺、きのうここへ来た？」

「ああ、ええ、来ましたよ。」

「俺、なんて言ってた？」

「はあ、今度、実家へ遊びに来いって。」

「俺、金を借りた？」

「はあ、ええ、少し。」

「捕りたてのマグロ置いてくからっ！」

　そう言うなりパスクワルさんは、ビニル袋に入った、血の滴るマグロのかたまりを玄関にべちゃっと置いて、さっと消えてしまいました。

　ある日、またパスクワルさんがやってきました。今度はシャコガイを持っています。

「きのう釣りに行ったんだが、いやあ波が高くて大変だった。」

「釣れましたか？」

「いや、ダメだ。あれじゃあ、ダメだ。しかたないから、潜ってシャコガイを採ってきた。でも危なかった！」

「やはり波があると危ないですか？」

「いや、波じゃない。ポリスだよ、ポリス。捕まったらブタ箱だ（シャコガイは場所や時期によって採集禁止の場合があります）。でも今度一緒にシャコガイを採りに行こう！」

少年と鳥（ソンソロール島）。

カスミカメムシの一種。高井幹夫氏撮影。こうした微小な昆虫は、一般のヒトの意識のなかにはまず入ってきません。ヒトは目の前にあるものすべてを、ありのままに見ているわけではありませんし、聞こえるものすべてを、ありのままに聞いているわけでもありません。ほとんどの場合、ヒトはただ、見たいものを見、聞きたいものを聞いているだけです。

「わたしも行くんですか？」
「ああ、でっかいのがあるとこ知ってんだ。」
「はあ……。」

ポリスに捕まる危険を犯してまで採りたいほどにシャコガイがおいしいとは、わたしにはとても思えないのですが。

パラオ諸島へのヒトの到来

およそ4000年ほど前、台湾を起源とするヒトという生物種がパラオ諸島に到達しました。そしてその瞬間から、パラオ諸島の陸地環境は激変しました。それは、ヒトが環境を自分に都合のいいように変えるという、能動的な「環境改変」戦略を採用していたためです。

もちろんヒト以外の生物も、例えばシアノバクテリアによる遊離酸素の供給のように、生物は地球表面の環境を長期間にわたり徹底的につくり変えてきました。ただし、ヒトという生物種は、短期間のうちにさまざまな環境を意図的かつ広範囲につくり替えるという点で群を抜いていました。

天敵もいなければ、ヒトを恐れる生物もいない未開の新天地パラオに到着したヒトは、当然のことながら、まずは手当たり次第に生物の乱獲を始めました。文字通りの大量虐殺です。海の生物にせよ、陸の生物にせよ、捕りやすいものから、なりふり構わず、どんどん捕り尽くしていきました。遺跡から出土する遺物を分析することによって推定される状況は、「自然と仲よく共存して暮らす」などというイメージからはほど遠い、殺戮の限りを尽くした生き方でした。

同時に、彼らは森を切り開き、農耕を始めました。パラオのみならず、太平洋の島々に住む人々はすべて、基本的には農耕民です。漁労を含む狩猟採集は補助的手段にすぎず、彼らの生活基盤はあくまでも陸上での農業にあります。決して海にあるわけではありません。

パラオ同様に、太平洋に分散する島々の原住民はどれもみな、台湾を起源とし、西から東へと移り住んでいった農耕民です。太平洋の東端に位置するイースター島も、地図を見れば南アメリカから渡ったほうがはるかに近いのですが、実際に住んでいたのは、すべて西からの移住者です。

これら太平洋の島々では、人口の調節がきわめて重要で、イースター島では食糧不足

ソンソロール島の子どもたちと。南洋の楽園のようにも見えますが、小さな島には医師がおらず、逃げ場所もありません。唯一の救いの場所は、集落のはずれにある小さな建物だけです。ヤシの葉でふかれたその建物のなかには、イエスの像が置かれています。

から食人も起こっていました（食人の風習はヒトの歴史のなかで普遍的に見られます）。

西洋人が到着する以前のパラオでも、集落間での殺し合いはかなり頻繁に起こっていました。殺人や間引きなどさまざまな手段による人口調節なくして、ヒトはこの小さな島々で生き延びることはできなかったのです。美しい珊瑚礁の島に暮らすとは、常にそうした緊張のなかで暮らすことを意味しています。

アルベルトさん

「日本の歌はいいなあ。」

　ラジオから流れる美空ひばりの歌声を聴きながら、アルベルトさんがしみじみと言いました。職場のラジオは一日中つきっぱなしです。パラオは戦前、長いあいだ、日本の統治下にあったので、いまでも日本の歌が頻繁に流れています。習慣となったビータルナッツ（ビンロウの果実を石灰、たばこ、キンマというコショウ科のつる植物の葉などと一緒に噛むと、酔ったような状態になります）をくちゃくちゃと噛みながら、アルベルトさんの眼球はもうほとんど後ろへひっくり返りそうにうっとりとしています。

「ひばりはまだ健在かい？」

　やさしく聞くので、わたしは読みかけの論文から目を上げて、冷たく答えました。

「この前も言ったでしょ。もうずいぶん前に死にましたよ。」

　アルベルトさんは、とても悲しそうな顔をしました。

「そ、そうか、そうだった。」

　わたしはアルベルトさんが急に気の毒になって、取り繕うように言いました。

「ああ、でも、いまもファンは多いですね。」

「おお、そうか。やっぱり、ひばりが一番だなあ。」

ちょっとばかりちゃちゃを入れたくなっていたわたしも下を向いて、「そうですねえ」と答えたのでした。

アルベルトさんは、わたしより3歳ほど年上ですが、わたしのことをいつもおれよりオールド・マンだと言うのです。たしかに、わたしのほうが白髪は多いでしょう。それに、アルベルトさんはいつもわたしなどより、よほどいい服装をしています。

わたしは坊主頭に穴のあいたTシャツをかぶり、生地が薄くなってぼろカーテンのようになったジャージをはき、足はいつも素足にビーチサンダルです。その一方、アルベルトさんは、ポマードで髪をきっちりとなでつけ、しゃれたシャツと半ズボンをはき、白い運動靴を履いています。

車のないアルベルトさんのために、わたしは毎日送り迎えをしていましたが、若い女性観光客が道を歩いているのを見つけると、アルベルトさんは満面の笑みで、見境なく、「ヘーイ!」と声をかけるのです。わたしはそれが恥ずかしくてしかたありませんでした。

年が明けると、エルニーニョ現象に起因する干ばつが始まり、それに伴う給水制限も始まりました。

ホシカメムシの一種（パラオ）。高井幹夫氏撮影。
パラオに限らず、海洋島に大型の昆虫はほとんど見られません。海を越えるには、小型であるほうがいろいろと都合がよかったのでしょう。ただし、カメの巨大化（ゾウガメなど）や、シカの矮小化（ケラマジカなど）のように、は虫類や哺乳類などでは島に到着したあとで、その祖先種より巨大化したり、あるいは矮小化したりする現象がしばしば見られます。

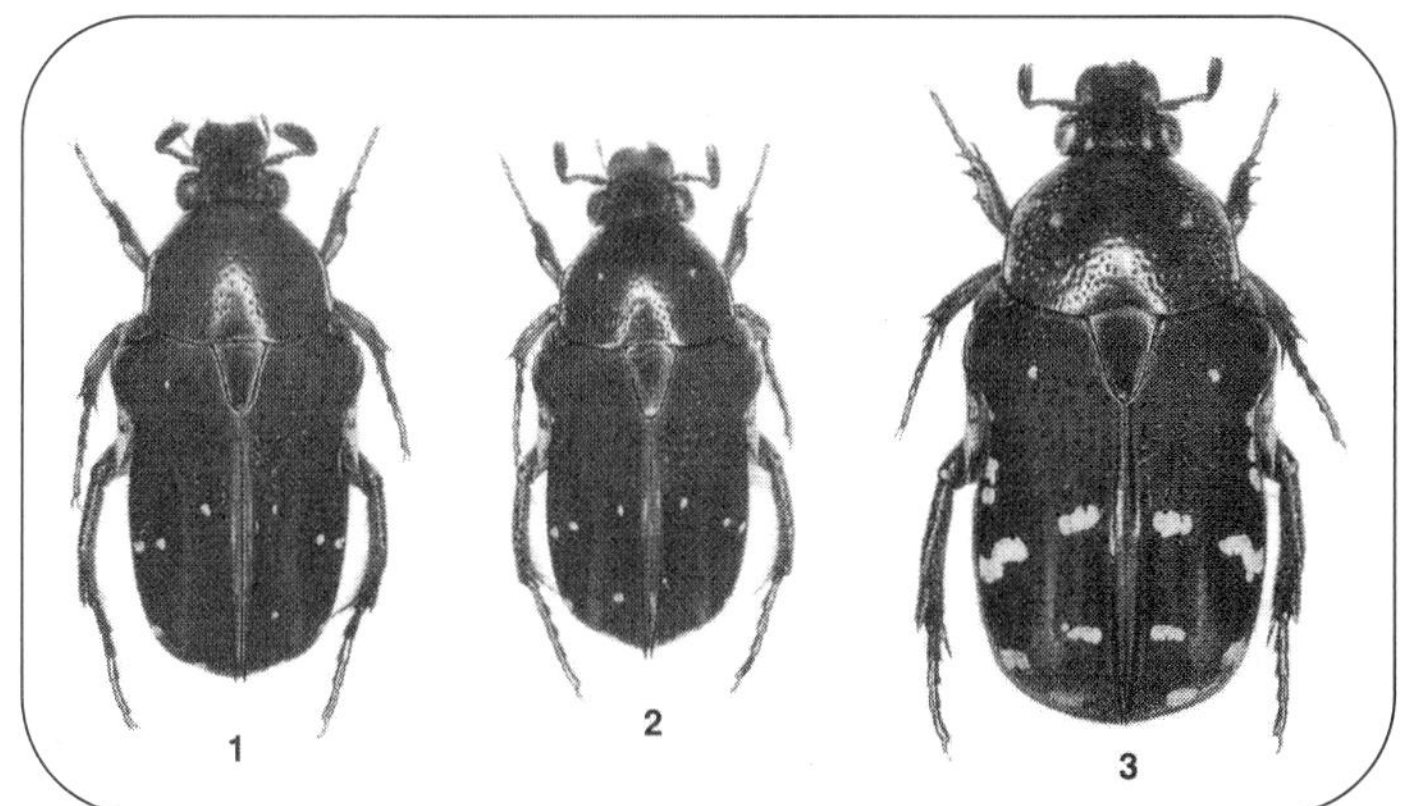

パラオホソコハナムグリ *Glycyphana harashimai*（パラオ）。1 と 2 はオス。3 はメス。
ハンミョウ同様に、海洋島でハナムグリが見つかること自体、非常に珍しいことです。種名は、わたしの友人で、甲虫のアマチュア研究家である原島真二さんに献名されました。成虫を野外で見つけるのは難しく、そのため幼虫を成虫まで飼育して、新種記載に必要な標本を揃えました（写真は月刊むし（440）：27-29 より転載）。

「いよいよ始まりましたねぇ。」

林野局で働いているカシュガルさんに言うと、カシュガルさんも、「始まったねえ」と感慨深そうです。

「あれだよ、もう昼間はあんまり働いちゃダメだよ。シャツもズボンも洗濯なんか週に1回になっちゃうからね。シャワーなんかもできないから、海で行水するしかないんだよ。困ったねえ。」

傍らでビータルナッツをくちゃくちゃくちゃやりながら遠くを見ているアルベルトさんに、「困りましたねえ」と言うと、「お、ん？　おお、残りのビータルナッツは職場の女の子に全部あげちゃったんだ。だからもうないんだ。うわっ、うわふっ、うふっ、ふっ」そんなふうに笑うばかりで、もう相手にもなりませんでした。

ミツバチ

バベルダオブ島の民家から、ミツバチの巣を取ってくれとの依頼が農業局に入りました。

パラオのミツバチは、外部から持ち込まれたセイヨウミツバチで、パラオ人にとって親しみのあるものではありません。そのため、パラオ人はミツバチを異常に恐れます。ミツバチのみならず、すべてのハチを異常に恐れます。さっそくアルベルトさんが、「お、おう。おれも一緒に行ってやる」と言ってくれましたが、もちろん何かを手伝ってくれるわけではなく、ただハチの巣取りを見物したいだけです。

やはり同じくヒマでしょうがないスピスさんも同行することになりました。2人とも珍しいものを見物できるので、顔が普段より100倍ほども光り輝いています。

現場に着いてみると、巣は民家の壁の中につくられていました。まずは、トタンでできた外板を剥がさなくてはなりません。

「外板を剥がしますが、それでもいいですか?」

そう聞くと、その家にひとりで住んでいるおばあちゃんはすかさず言いました。

「なにをしてもいいですから、ともかくハチをなんとかしてください。」

おばあちゃんは、家の中にまで聞こえてくるハチの羽音が恐ろしくて、いまは親戚の家に避難しています。

隣家で借りた大きなバールで、ぎしぎしと外板を剥がしていくと、板の隙間からミツバチが砂のようにこぼれ出てきました。アルベルトさんとスピスさんは瞬時にはるか彼方へと飛んで逃げ、遠くから事の成り行きを見守っています。

バベルダオブ島にある遺跡。建設年代は不明。人々が何を思いながらこんな手のかかるものをつくったのか、もう知るすべはありません。

やっとのことで、がばんっ、と大きな音を立ててトタン板が剥がれると、畳半畳ほどの巣が目の前にありました。暑さで脱水症状となり、頭がふらふらしてきます。体中、何か所も刺され、黒い針が鼻の先に刺さったままなのも見えます。

荒れ狂うミツバチの乱舞のなか、ハチミツの入った巣をクーラーボックスに収容し、残ったハチを処分し終わると、アルベルトさんとスピスさんがやってきて、「こんちくしょうめ！」と言いながら、地面にのたうち回るハチを踏みつぶし、わきで見守るおばあちゃんに何か得意そうに話をしていました。

帰宅してから妻に頼んで、見えない部分に刺さった針をひとつひとつピンセットで抜いてもらいましたが、あまりに数が多い

アリの巣で見つかるナガカメムシの一種（パラオ）。高井幹夫氏撮影。
おそらく、アリを捕食しているのでしょう。

パラオへ来る外国人は、パラオ社会に自らが失ったものを見出し、過剰なまでに礼讃することがあります。
でも、パラオ人だって彼ら同様に、やさしくもあれば、同時にわがままで見栄っ張りで、なんとか自分をよりよく見せようと常に腐心しています。環境や習慣は違っても、基本的なところでヒトはみな同じです。

ので妻はあきれていました。

苦労して取ったハチミツは、知り合いを呼んで、みんなで食べました。舌が焼けるような、強い刺激的な味でした。

おれたちがガキだったころ

フレッド。パラオではしばしば、フィリピン人に対して差別的な言動が見られます。けれどもフレッドだけは、そういう態度を一度も見せたことがありませんでした。

バベルダオブ島のがたぼこ道を運転していると、助手席に乗っているフレッドが言いました。

「おれがガキだったころは、テレビなんかなかったし、夏休みになるとおふくろに1ドルもらって釣り糸を買って、毎日毎日釣りをしていたなあ。」

「ああ、おれも同じようなもんだったよ。おれの場合は網で川魚をすくってたんだけど、でも毎日外にいるんで、やっぱり真っ黒になっちゃってさ。」

昔をなつかしく思い出しながら、わたしは真っ黒に光っているフレッドを見て言いました。するとフレッドがまた言いました。

「あのころはさあ、ほんっとに真っ黒になっちまってさぁ。なつかしいなあ。顔なんかほんとうに真っ黒だったよ。」

大きなおにぎりのような体型のフレッドは、いまだって見事なくらい黒々と光っています。それなのに、少年のころはいまよりももっと黒かったのだそうです。

後部座席にいるアルベルトさんがどんな顔をしているか知りたくて、首をねじって振り返ってみると、車にがこがこ揺られながら、大きな口を開けていびきをかいているのでした。

ペリリュー島

ペリリュー島は、隆起珊瑚礁の、ほぼ平坦な島です。

この島について語るとき、太平洋戦争の記憶を避けて通ることはできません。日差し

掘り出された太平洋戦争中の砲弾（バベルダオブ島）。林の中に入ると、いまもあちこちに塹壕やタコツボなどが残り、海辺にはトーチカも見られます。「ジャングルにタコツボあまた残りいて冷たき雨は降り続きおり」「ジャングルのぬかるみ深く進み行けば霧雨のごとく陽は降りきたる」など、わたしはいくつかの短歌をつくり、朝日歌壇に掲載されました。熱帯に降る雨の冷たさは、経験したことのない人にはわからないかもしれません。

を遮るものもない炎天下、未舗装の道を歩いていると、いまも道路に小銃弾がめり込んでいるのに気がつきます。海岸林に分け入ると、そこには戦車やトーチカ（鉄筋コンクリート製の防御陣地）の残骸などにまじって、地面から砲弾の頭が突き出ていることもあります。

飛行場を有し、戦略上重要であったこの島は、太平洋戦争有数の激戦地となりました。

日本軍はこの島で、従来の水際での白兵戦から、洞窟を掘っての持久戦に転じました。そのため戦闘は長期化し、日米両軍の死傷者の数はおよそ2万人にも達しました。激しい戦闘によって、地面を覆っていた木々はすべて焼け、島は丸坊主となってし

チビヒラタカメムシの一種（パラオ）。高井幹夫氏撮影。若かったころは、裸眼でも1ミリ程度の虫ならすぐに何の仲間かわかったものでしたが、いまでは、「たぶん、これ、虫だよな」程度にしかわかりません。ルーペでのぞいて、はじめて虫かどうかがわかる始末です。おまけに、たとえ虫だとわかっても、肝心の名前が出てこなくなりました。要するに、DNAの視点から見れば、わたしなどとうに廃車の時期に来ているということです。

まいました。

戦争は死者の数によって語られることが多いのですが、兵士たちにとっては、戦闘とその結果もたらされる死よりも、飢えや暑さ、ヌカカの襲撃、さらには、上官との確執のほうが、おそらくは、もっと日常的で、過酷な問題でした。

現在、部分的には大きな木も育ってきているとはいえ、島の植生は全体的にきわめて貧弱で、海岸部にはモクマオウ、そして島の内部には多数のギンネムが繁茂しています。

ただし、生息している昆虫の種類は比較的多く、なかでも朽ち木に依存する虫には珍しいものがいくつもいます。

あるとき、ペリリュー島で民家の便所を

借りていると、どこからか歌声が聞こえてきました。

背伸びをして、便所の屋根と壁の隙間からそっと外をのぞくと、90歳近いこの家のおばあちゃんが日本語の歌を口ずさんでいます。

わたしが便所に入っていることなど知らずに、いかにも楽しそうに、パパイアの木の下で歌を歌っています。わたしは顔を引っ込めると、音を立てないようにして、再びそっと便器に座ったのでした。

十字架

コロールから年4回出る連絡船に乗って、パラオ南西諸島の調査に出かけました。島々のひとつメリル島に到着するまで丸2日かかります。

島には兄弟が2人きりで住んでいました。

「2時間たったら、はしけが出るぞ!」

その声を背中に聞きながら上陸し、兄弟との挨拶もそこそこに、わたしは島のなかへ入りました。ミバエ調査用のトラップを設置し、ヤシの害虫であるタイワンカブトムシの生息調査を行ない、さらに他の虫の調査も行ないます。

あちこち必死で歩き回り、汗とヌカカまみれになってすべての調査を済ませ、走りながら海岸へ戻ってくると、出発予定時刻にもかかわらず、はしけはのんびりと浜辺で波に揺れています。

あたりには人の気配もありません。

誰かがわたしを呼びました。

振り向くと、丘の上で兄のほうが手招きをしながら叫んでいます。

「ヤシガニがゆであがったぞぉ！」

兄弟の小屋に入ると、そこではアルベルトさんが大きなヤシガニをむさぼり食っていました。わたしがひとりで調査している間も、アルベルトさんはここで世間話をしたりしながら、いろいろなものを飲み食いしていたに違いありません。

「お、おお！ ケイイチ！ これはお前のだ、食え！」

アルベルトさんは傍らのバケツを指さしました。わたしは調査カバンを下ろし、手をズボンでごしごし拭きながら椅子に座ると、バケツから巨大なヤシガニを1匹取り出し、むしゃぶりつきました。ヤシガニは食べやすいようにハンマーで割ってあります。身のつまった味のよいヤシガニでした。

パラオの主島バベルダオブ島から赤道近くまで、いくつもの離島が連なっています。たいていの島にはヒトが住んでいますが、みな健康で生き生きとしています。けれどもそれは、島に住んでいるから健康になるわけではなく、飛び抜けて頑強な個体だけが生き残っているのだということを、忘れてはなりません。

木の杭の上にとまっているグンカンドリ。この止まり木に縛り付けられているわけではありません。ときどき餌をもらえるので、普段はここにいるだけのことです。グンカンドリの肉を食べたことがありますが、ものすごく硬くてまいりました。

3か月に1回しか来ない客を、この島の兄弟はなんとか長く引き留めておきたいのです。わたしは、ヤシガニでいっぱいになった腹をさすりながら、小屋の外に出ました。小屋から海岸へ下りる道のわきには、十字架が5つ並んでいます。一緒に住んでいた家族のものでしょう。ひとり、またひとりと家族が減っていく家を、2人はずっと見守りながら生きてきたのです。わたしたちの船が行ってしまえば、またしばらくのあいだ、海の上に見えるものは雲ばかりとなります。

ヘレンリーフ

パラオ最南端の領土ヘレンリーフは、北緯2度にあります。広大なリーフの端には、砂州からなる、長さ200メートルあまりの細長い小さな島がひとつあり、若い国境警備隊員が3人常駐しています。

久しぶりの来客に3人は大興奮し、わたしたち夫婦をつかまえると、2時間あまりにもわたって、島のことや、遠くに見える難破船のことや、新しく買ってもらった監視ボートのことや、食べ物のことなどを、とぎれることなくしゃべりつづけます。

ヘレンリーフ。パラオ最南端の領土です。広大なリーフの端に小さな島が顔を出し、そこに3人の国境警備隊員が常駐しています。リーフの遠くには、難破した日本船の残骸を見ることもできます。

彼らの話をひとまず聞き終わると、わたしと妻は島のなかへ調査に出かけました。出かけるといっても、端から端まで丸見えの島です。

島のなかに生えている木のあちこちには、クロアジサシが営巣しています。その木にミバエ調査用のトラップを設置したあとも、樹木の葉を丹念に裏返し、流木をひとつひとつひっくり返し、鳥の死骸をつまみあげ、砂を篩い、わたしはいく種類かの昆虫を採集することができました。

大半は流木によって分布を広げるグループです。長い年月のあいだに、何種類かの昆虫がこの小さな砂州に生きてたどり着き、そのうちのさらにわずかな種だけが、きわめて限られたこの島の環境で生き残ってきたのです。

島には、警備隊員たちの住んでいる小屋から少し離れたところに、さらに一回り小さな小屋がありました。その中には祭壇があり、十字架に架けられたキリストの像が置かれていました。

調査を終えると、妻とわたしはマスクとスノーケルをつけ、海に潜りました。

遠浅の海の中では、強い太陽の光が、まるで薄いガラス片のようにきらきらと漂っているのでした。

シゲさんとトビーさん

バベルダオブ島北部の海岸に、日本人のシゲさんとご主人のトビーさんは住んでいます。トビーさんはパラオ人です。海に面した広いヤシ林の中に家を建て、たくさんのイヌやニワトリを飼い、畑をつくり、目の前の海で魚を捕って2人は暮らしています。

わたしたちが遊びに行くと、シゲさんは、「あらぁー」と言いながら、パタパタとどこからか現れます。そして、大急ぎで裏庭の野菜を取ってきます。

子イヌのヨシとサスケ。島では毎年たくさんの子イヌや子ネコが生まれますが、わたしたちが暮らしていたころは獣医もいませんでした。パラオで拾ったネコのミューンを日本へ連れて帰るときには、書類が5つも必要でしたが、ようやく全部の書類が揃ったのは、飛行機搭乗の6時間前のことでした。

「魚も捕らなくちゃ！　トビーったら、もう、どこ行っちゃったのかしら。」

そして浜辺へ出て、よく通る涼しい声でトビーさんを探すのです。

「トビー！　トビー！　もう、トビーったら、ほんとにどこ行っちゃったのかしら。」

トビーさんはどこかのヤシの木陰で、たいていは彫刻（ストーリーボード）を彫っています。あるとき、熱心に彫刻を彫りつづけるトビーさんを後ろからそっとのぞくと、それは男女の抱き合う姿を描いた、驚くような出来ばえの作品でした。

「すばらしいですね！」

トビーさんはわたしを振り返ると、「これはね、わたしとシゲ」そう言って、いたずらっぽく笑いました。

バベルダオブ島にあるシゲさんとトビーさんの家。30メートルほど先には、ヤシの木の生える白い砂浜が長く伸びています。いまもパラオと聞いて真っ先に思い出すのは、シゲさんとトビーさんの家の前に広がる、あの透き通るような青い珊瑚礁の海です。

「じゃあ、魚でも捕ってくるかぁ。」

シゲさんに見つかってしまったトビーさんは、投網を持って浜に出ると、背筋を伸ばしてリーフを眺めわたします。方角が決まると、ばしゃばしゃと水の中に入っていき、網をばっと投げます。

「これくらいでいいかな。」

そう言いながら持ってきた網の中には、小さな魚がたくさん入っていて、トビーさんとわたしでうろこをはぎ、シゲさんと妻がてんぷらに揚げます。

妻は、トビーさんたちの庭にできるフットボールフルーツが大好きです。わたしたちが帰るときには、シゲさんはいつもたくさんのフットボールフルーツをおみやげにくれます。フットボールフルーツは茶色い硬い皮に包まれた、大きなメロンほどのサイズの果物です。

アパートへ帰ってくると、妻はいつも少し心配しながら、一応、わたしにも聞くのです。

「フットボールフルーツ食べる?」

「あ、わたしはいいです。全部食べていいですよ。」

「ほんと?　ほんとにいいの?」

妻はそう言うと、流しの前に椅子を置き、ひとりでぶちゃぶちゃとフルーツを食べはじめます。

「柿とマンゴーを足したみたいな味なのよ。」

フットボールフルーツを知らない韓国の友人ユンスさんに、ある日、妻はそう説明していました。

トビーさんとシゲさんの家に水道はありません。雨水をドラム缶に溜めて使っているので、雨が降らないと洗濯も水浴びもできなくなります。

しばらく雨が降らないと、「シゲさんとこ、雨降ってるといいわねえ」と、妻はわたしにそう言いながら、バベルダオブの空を心配そうに眺めるのでした。

主な参考文献

トゥオマス・アイヴェロ（著）セルボ貴子（訳）『寄生生物の果てしなき進化』（草思社、2021）
青木淳一『むし学』（東海大学出版会、2011）
石川忠・高井幹夫・安永智秀（編）『日本原色カメムシ図鑑第3巻』（全国農村教育協会、2012）
稲敷市立歴史民俗資料館『信太の浮島、モノクロームの記憶』（2019）
印東道子『ミクロネシアを知るための60章』（明石書店、2015）
奥本大三郎『捕虫網の円光』（平凡社、1993）
川田伸一郎『標本バカ』（ブックマン社、2020）
ニール・シュービン（著）黒川耕大（訳）『進化の技法』（みすず書房、2021）
ロブ・ダン（著）今西康子（訳）『家は生態系』（白楊社、2021）
友国雅章（監）『日本原色カメムシ図鑑』（全国農村教育協会、1993）
西村三郎『リンネとその使徒たち』（朝日選書、1997）
アダム・ハート（著）柴田譲治（訳）『目的に合わない進化』（原書房、2021）
馬場金太郎・平嶋義宏（編）『昆虫採集学』（九州大学出版会、2000）
廣瀬敬『地球の中身』（講談社ブルーバックス、2022）
ジャン・アンリ・ファーブル（著）奥本大三郎（訳）『完訳ファーブル昆虫記・第9巻下』（集英社、2015）
深石隆司『八重山ネイチャーライフ』（ボーダーインク、2002）
マイケル・ベゴン他（著）堀道雄（監訳）『生態学』（京都大学学術出版会、2013）
キャスリン・マコーリフ（著）西田美緒子（訳）『心を操る寄生生物』（インターシフト、2017）

ディアドラ・マスク（著）神谷栞里（訳）『世界の「住所」の物語』（原書房、2020）
松永俊男『チャールズ・ダーウィンの生涯』（朝日選書、2009）
エマ・マリス（著）岸由二・小宮繁（訳）『「自然」という幻想』（草思社、2018）
丸山宗利『昆虫学者、奇跡の図鑑を作る』（幻冬舎新書、2022）
三橋淳『世界昆虫食大全』（八坂書房、2008）
安永智秀・高井幹夫・川澤哲夫（編）『日本原色カメムシ図鑑第2巻』（全国農村教育協会、2001）
安永智秀・前原諭・石川忠・高井幹夫『カメムシ博士入門』（全国農村教育協会、2018）
養老孟司『虫の虫』（廣済堂出版、2015）

おわりに

生物の分類に携わる研究者によって、これまで数多くの本が書かれてきました。でも、そうした研究者たちを支えてきた、多くの無名の採集人については、ごく少数の例外を除いて、ほとんど何も知られていません。

カメムシの研究者でもない一介の採集人がカメムシについて書くことには、正直言って大きなためらいがありました。でも、数多くの無名の採集人のひとりとして、採集にまつわるあれこれを書き残しておくことは、歴史的な視点から見ても、まったく無価値というわけでもないでしょう。

いま、この瞬間も、地表のどこかで、採集人は未知の生物を追いつづけています。質素な、けれども丈夫な服と靴を身につけ、暗い熱帯雨林の、あるいは灼熱の砂漠のにおいをあたりにまき散らしながら、あなたの傍らを、目を伏せながら通り過ぎていくのかもしれません。

いつものように、本書には高井幹夫さん撮影のカメムシの写真をたくさん使用させていただきました。高井さんの写真なくして本書は成立しませんでした。また、標本の同定には東京農業大学の石川忠教授に、標本写真の撮影には同大学の大学院生・嶋本習介さんにたいへんお世話になりました。さらに、伊丹市昆虫館の長島聖大さんには素敵なカメムシの図をお借りしました。

そして、ベレ出版の永瀬敏章さんには、企画段階から貴重なご助言をたくさんいただきました。これらの方々に、この場をお借りして心より御礼申し上げます。

2022年12月　高橋　敬一

高橋 敬一（たかはし・けいいち）

▶1956年、東京都生まれ。
東京農工大学 農学部を卒業後、農林水産省に入省。2001年に退職し、同年から2年間、パラオ共和国農業局コンサルタント。

博士（農学）。

著書に、『昆虫にとってコンビニとは何か?』（朝日選書）、『「自然との共生」というウソ』（祥伝社新書）、『鉄道と生物・運命の出会い』（現代書館）など。

◉── ブックデザイン　末吉 亮（図工ファイブ）
◉── 装画　上坂元 均
◉── DTP　清水 康広（WAVE）
◉── 図版　スタジオ・ポストエイジ

諸国(しょこく)カメムシ採集記(さいしゅうき)

2023年 1月 25日　初版発行

著者	高橋 敬一（たかはし けいいち）
発行者	内田 真介
発行・発売	ベレ出版 〒162-0832　東京都新宿区岩戸町12 レベッカビル TEL.03-5225-4790　FAX.03-5225-4795 ホームページ　https://www.beret.co.jp/
印刷	株式会社文昇堂
製本	根本製本株式会社

ISBN 978-4-86064-715-5 C0045　編集担当　永瀬 敏章